U0411373

建筑工程设计专业图库

暖通专业

上海现代建筑设计（集团）有限公司　　编

中国建筑工业出版社

图书在版编目(CIP)数据

上海现代建筑设计（集团）有限公司建筑工程设计专业图库. 暖通专业／上海现代建筑设计（集团）有限公司编. －北京：中国建筑工业出版社，2006
ISBN 7-112-08644-2

I.上... II.上... III.①建筑设计－图集②采暖设备－建筑设计－图集③通风设备－建筑设计－图集④空气调节设备－建筑设计－图集 IV.①TU206 ②TU83-64

中国版本图书馆CIP数据核字(2006)第106380号

责任编辑：徐纺 邓卫

上海现代建筑设计（集团）有限公司建筑工程设计专业图库 暖通专业

上海现代建筑设计（集团）有限公司 编

*

中国建筑工业出版社出版、发行（北京西郊百万庄）

新华书店经销

上海恒美印务有限公司制版

北京中科印刷有限公司印刷

*

开本：889毫米×1194毫米 1/16 印张：8¼ 字数：253千字

2006年12月第一版 2006年12月第一次印刷

印数：1-5000册 定价：65.00元

ISBN 7-112-08644-2

(15308)

本社网址：http://www.cabp.com.cn

网上书店：http://www.china-building.com.cn

编制委员会

主　　任：盛昭俊

副 主 任：高承勇　黄磊　杨联萍　田炜

成　　员：建　筑：许一凡　舒薇蔷　范太珍　傅彬　王文治　马骞（技术中心）

结　构：顾嗣淳　李亚明　陈绩明　王平山　邱枕戈　唐维新　冯芝粹　沈海良　余梦麟　蔡慈红　周春　陆余年　梁继恒（上海院）

给排水：余勇（现代都市）徐燕（技术中心）

暖　通：寿炜炜　张静波（上海院）郦业（技术中心）

电　气：高坚榕（现代华盖）李玉劲（现代都市）谭密　王兰（技术中心）

动　力：刘毅　钱翠雯（华东院）崔岚（技术中心）

执行主编：许一凡

执行编辑：王文治

档案资料：向临勇　张俊　葛伟长

装帧设计：上海唯品艺术设计有限公司

暖通专业
HVAC

集团技术负责人：盛昭俊　高承勇

技术审定人（技委会）：马伟骏

分册主编：寿炜炜

分册副主编：张静波

编制成员：何焰　刘晓朝　张伟程　叶祖典　宋静　朱学锦　乐照林　朱喆　干红　郦业

前言

从上世纪90年代中期开始，我国进入了基本建设的高速发展期，中国已成为世界最大的建筑工程设计市场。作为国内建筑工程设计的龙头企业，上海现代建筑工程设计（集团）有限公司（以下简称“集团”），十年多以来承接了上海及全国各地数千项建筑工程项目，许多工程项目建成后，不仅成为该工程项目所在地区的标志性建筑，而且还充分代表了当今中国乃至世界建筑技术的最高水平。在前所未有的建设大潮下，集团的建筑工程设计水平得到空前的提高，同时也受到前所未有的挑战，真所谓：机遇与挑战并存。

集团领导居安思危，为了提高集团建筑工程设计效率和水平，控制设计质量，做好技术积累总结工作，实现集团工程设计的资源共享，从而进一步提高集团建筑工程设计的综合竞争力，于2003年下半年决定由集团组织各专业的专家组成编制组，开始编制《建筑工程设计专业图库》。

编制组汇集了集团近十年来完成的几百项大中型建筑工程项目中万余个各专业实用的节点详图、系统图和参考图，通过大量的筛选、修改、优化等编制工作，不断听取各专业设计人员的意见及建议，并经过了集团技术委员会反复评审，几易其稿，于2006年3月完成了第一版的编制工作并通过了专家组的评审。

《建筑工程设计专业图库》的编制采用了现行的国家规范和标准，涵盖建筑、结构、给排水、暖通、电气、动力等六个设计专业，取材于许多已建成的重大工程项目，具有一定的实用性和典型性，适用于各类民用建筑的施工图设计。编制组为了使之更具代表性，结构、动力、暖通、电气专业引用了部分国标图集。

《建筑工程设计专业图库》的出版，集中反映了集团十多年来在建筑工程设计实践中所积累的技术和成果，也体现出编制人员的无私奉献的精神和聪明卓越的才智。评审委员会认为《建筑工程设计专业图库》不仅是集团建筑工程设计技术的积累和提高，而且对提高设计效率和水平、控制设计质量将有极大帮助，具有很好的参考意义，是建筑工程设计人员从事施工图设计的好助手。

《建筑工程设计专业图库》是供建筑工程施工图设计参考的资料性图库，其编制工作是一项长期的基础性技术工作，也是设计技术逐步积累和提高的过程。《建筑工程设计专业图库》的第一版，重点还只能满足量大面广的基础性设计的需求，随着日新月异的建筑设计技术的发展，还必须不断地更新、修改、充实和完善。《建筑工程设计专业图库》的成功与否，关键在于其内容是否实用，是否符合建筑设计的需求。为此，编制组希望《建筑工程设计专业图库》在推广应用的基础上，能充分得到国内同行的批评指正，吸取广大建筑工程设计的意见，以便不断地积累和完善，同时也能不断体现出设计和施工的最新技术，进一步提高新版本的水平及参考价值。

为了更好地让《建筑工程设计专业图库》被广大设计人员应用，编制组在编制的同时，推出了相应的使用软件，所有图形都有基于AutoCAD软件的DWG文件，编制组为了规范和统一集团的CAD应用标准，提高CAD应用水平，所有DWG文件都是按照集团《工程设计CAD制图标准》编制，并配套开发了检索软件，软件采用先进的软件技术和良好的用户界面，设计人员可在AutoCAD环境下，通过图形菜单方便地检索到所需的图形文件，供设计人员直接调用。同时，《建筑工程设计专业图库》的推广应用可以为设计院建立一个工程设计的技术交流平台，在这个平台上，《建筑工程设计专业图库》的内容可以不断地被设计人员充实、更新、完善，更有利于建筑设计技术的不断积累和提高。

几点说明：

1.《建筑工程设计专业图库》中的节点详图、系统图和参考图，取材于实际工程的施工图，其优点是源自工程，具有很强的参考性和实用性，缺点是由于项目的特殊性，详图缺乏一定的通用性，不一定适用于其他项目。因此，《建筑工程设计专业图库》不是标准图集，其定位是建筑工程设计实用的参考图库，设计人员务必要根据工程项目的条件、要求和特点参考选用，绝对不能盲目调用。作为工程设计的参考图集，《建筑工程设计专业图库》不承担工程设计人员因调用本图集而引起的任何责任。

2.《建筑工程设计专业图库》取材于上海现代建筑设计（集团）有限公司完成的工程项目，其中的图集有可能不适合其他地区的工程设计，图纸的表达方式也可能与其他地区存在一定的差异。

3. 由于编制人员的水平有限，各专业存在内容不系统和不全面的问题，也存在各专业不平衡、部分内容不适用、参考价值不高的情况。

值此《建筑工程设计专业图库》出版之际，谨向所有关心、支持本书编写工作的集团及各子分公司的领导、各专业总师和设计人员，尤其是负责评审的集团技术委员会所有为此发扬无私奉献精神、付出辛勤工作的专家，在此表示最诚挚的谢意。

《建筑工程设计专业图库》编制委员会

2006年10月18日

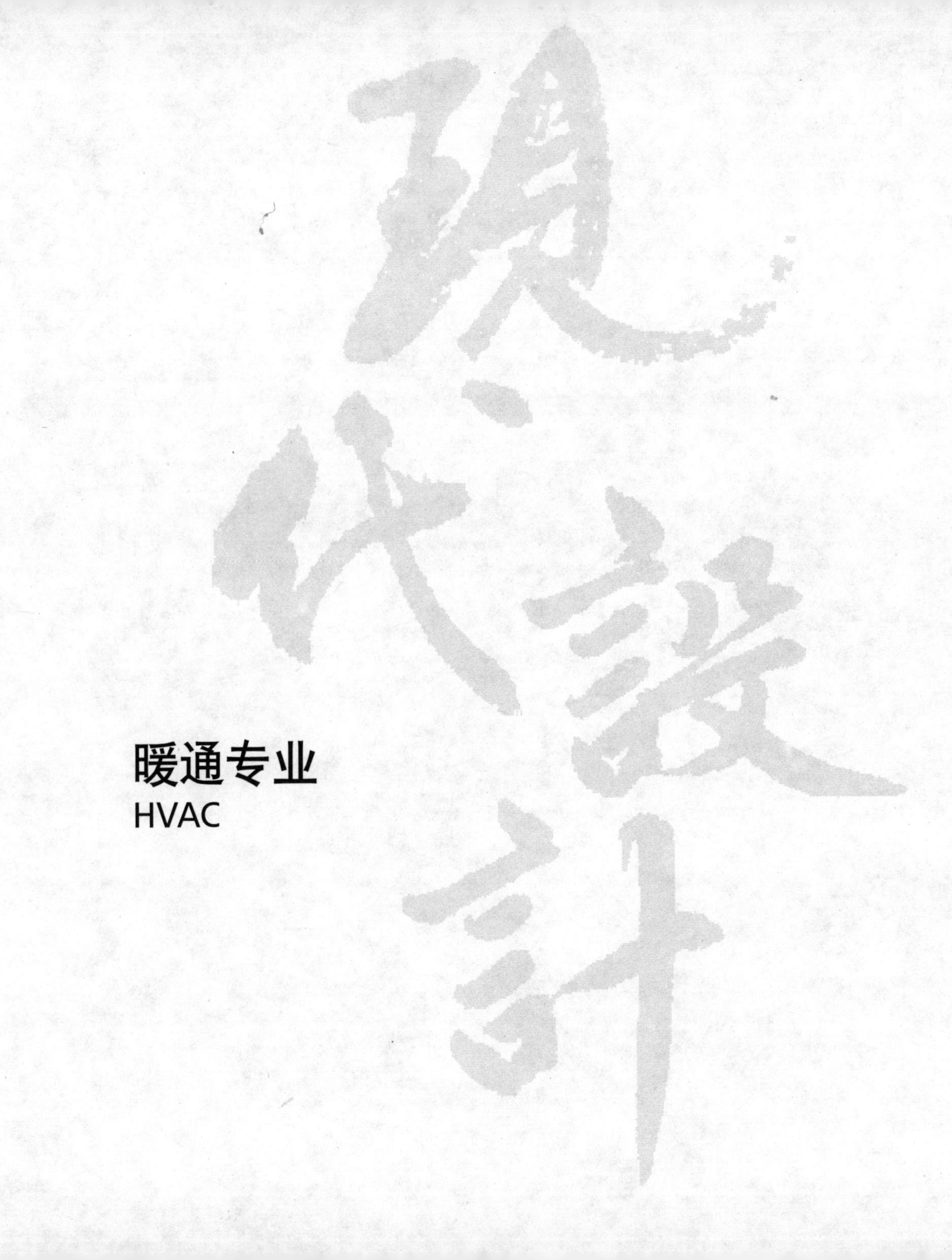

暖通专业

HVAC

目录

符号	说明
—CS—	冷冻水供水管
—CR—	冷冻水回水管
—HS—	热水供水管
—HR—	热水回水管
—CHS—	冷、热水供水管
—CHR—	冷、热水回水管
—CTS—	冷却水供水管
—CTR—	冷却水回水管
----------	空气冷凝水管
—E—	膨胀水管
—D—	排水管
—MU—	补水管
—V—	放气管
—SV—	安全管
—S—	蒸汽管
—R—	冷媒管
—SC—	蒸汽凝结水管
—ERS—	热回收供水管
—ERR—	热回收回水管
	漏斗排水
	地漏排水
	明沟排水
	向上弯头
	向下弯头
	法兰封头或管封
	上出三通
	下出三通
	变径管
	活接头或法兰连接
	固定支架
	活动支架
	金属软管
	橡胶软接管
	Y型汽/水过滤器
	膨胀补偿器
	疏水器
STS	疏水器阀组
PRV	减压阀组
	压力表
	温度计
	水泵
	直通型(或反冲式)除污器
E	除垢仪
	弯头除污器
	离子静电水处理器

符号	说明
	闸阀
	截止阀
	球阀
	柱塞阀
	快开阀
	蝶阀
	自动流量平衡阀
	压差控制阀
	压差控制电动二通调节阀
	压差控制电动双位阀
	静态平衡阀
	旋塞阀
	减压阀
	消声止回阀
	限流 止回 关断阀
	蝶式止回阀
	防污染隔断阀
	电磁阀
	电动双位阀
	电动双位蝶阀
	电动二通调节阀
	电动三通调节阀
	电动调节蝶阀
	气动二通调节阀
	气动三通调节阀
	气动调节蝶阀
F.M	流量计
E.M	能量计
	安全阀
	角阀
	浮球阀
	自动排气阀
	放气阀
	放空管
F	流量传感器
T	温度传感器
H	湿度传感器
P	压力传感器
S	烟感器
FS	流量开关
ΔP	压差传感器
C	控制器
	吸顶式温度感应器

符号	说明
X	矩形风管(宽X高)MM
***D	圆形风管(直径)MM
SA	送风管
RA	回风管
FA	排风管
FA	新风管
SFA	排烟风管
	送、新风管向上
	送、新风管向下
	排、回风管向上
	排、回风管向下
	风管上升摇手弯及气流方向
	风管下降摇手弯及气流方向
	多叶调节风阀
B.D	调节蝶阀
	电动双位调节风阀
	电动多叶调节风阀
N.R.D	止回风阀
	风管软接头
	防火风管(耐火极限 小时)
X	保温消声内衬风管 内净尺寸(宽X高)
D***	保温消声内衬风管 内净尺寸(直径D)
	金属软风管
	消声弯头
	消声静压箱
	消声器
	带导流片的矩形弯头
	圆弧形弯头
	轴流风机
	轴(混)流式管道风机
	离心式管道风机
	吊顶式排气扇
	方形风口
	条缝形风口
	矩形风口
	圆形风口
	侧面风口
	防雨百叶
A.D	检修门
B	远程手控盒(防排烟用)
	变风量末端
	带再加热器的变风量末端
	带风机的变风量末端
	带再加热器风机的变风量末端

风口表示方法:

1. 风口代号
2. 附件
3. 风口颈尺寸 矩形为***X*** (圆形为D***)
4. 数量
5. 风量

1. 风口代号示例:

代号	说明
AV	单层格栅风口，叶片垂直.
AH	单层格栅风口，叶片水平.
BV	双层格栅风口，前组叶片垂直.
BH	双层格栅风口，前组叶片水平.
C*	矩形散流器，*为出风面数量.
DF	圆形平面散流器.
DS	圆形凸面散流器.
DP	圆盘型散流器
DX*	圆型斜片散流器，*为出风面数量.
DH	圆环型散流器
E*	条缝型风口，*为条缝数.
F*	细叶型斜出风散流器，*为出风面数量.
FH	门铰型细叶回风口
G	扁叶型直出风散流器.
H	百叶回风口.
HH	门铰型百叶回风口.
J	喷口
K	蛋格型风口
KH	门铰型蛋格式回风口
L	花板回风口
N	防结露送风口
T	低温送风口
	注：N，T冠于所用类型风口代号前.
	例：NDP 为防结露圆盘型散流器
W	防雨百叶(由土建施工)
PS	板式排烟口(平时常闭，自动和远控开启，输出信号)
GP	多叶送风口(平时常闭，自动和手动开启，输出信号)
GS	多叶排烟口(平时常闭，自动和手动开启，280°C 自动关闭，输出信号)
GF	防火风口 (手动开启，手动或温控关闭，风量调节，70°C)

代号	说明
2.附件代号示例	
B	带风口风箱
D	带风阀
F	带过滤网
T	带温感自动调节

设备代号	设备名称	设备代号	设备名称
CH	冷水机组	B	锅炉
ASCH	风源冷水机组	CT	冷却水塔
ASHP	风源冷热水机组	HE	热交换器
WSHP	水源冷热水机组	PHE	板式热交换器
SACH	蒸汽型溴化锂冷水机组	P	水泵
DFCH	直燃型溴化锂冷热水机组	CP	冷水泵
WCHP	水环热泵	HP	热水泵
SAC	分体式空调器	CHP	冷热水泵
HEU	热交换机组	CTP	冷却水泵
AHU	空调箱	FOP	燃油泵
FAU	新风空调箱	DEA	除氧器
ERU	能量回收换风箱	WS	软化水器
FCU	风机盘管	WT	水箱
VAV	变风量空调末端设备	ET	膨胀水箱
FPB	带风机变风量末端设备	ECT	低位膨胀水罐
SF	送风机	WST	软化水箱
SSF	消防补风机	OT	油箱
SPF	楼梯间加压送风机	DOT	日用油箱
VPF	前室加压送风机	WTR	除垢仪
RF	回风机	CWR	加药罐
EF	排风机		
SEF	排烟风机		
KEF	厨房排烟风机		
ATT	消声设备		
HU	加湿器		
LHU	油烟处理装置		

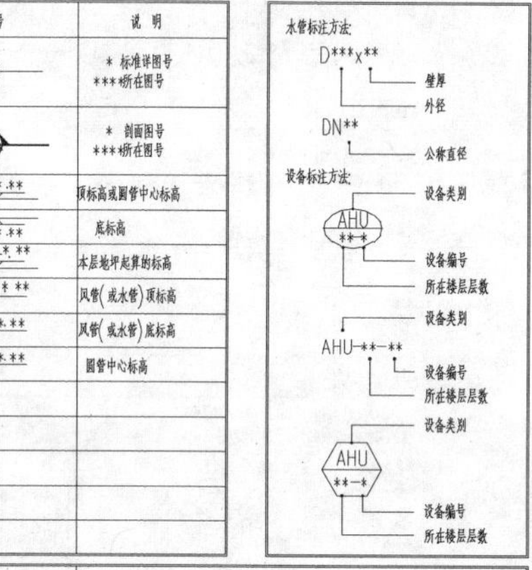

符号	说明
***	防烟 防火阀
*** ***	防烟 防火阀功能代号(见下表)

阀体代号 \ 功能代号	F 防烟防火	D 风阀	C 常闭	B 远程手动 开 闭	M 阀体手动 开 闭	E 电动 开 闭	V 风量调节	H 280° 自动关闭	/ 70° 自动关闭
FD	*	*							*
FDH	*	*						*	
FVD	*	*					*		*
FVDH	*	*					*	*	
FDS	*	*							*
FDHS	*	*						*	
FVDS	*	*					*		*
FVDHS	*	*					*	*	
BED	*	*		*		*			*
BEH	*	*		*		*		*	
MEV	*	*			*	*	*		*
MEE	*	*			*	电动快关			*
MEEH	*	*			*	再为电动开		*	
MEC	*	*	*		*	*			
MECH	*	*	*		*	*		*	
BEC	*	*	*	*		*			
BECH	*	*	*	*		*		*	

注：1. 各防烟防火阀均带有输出动作信号及手动复位功能(除FD、FDH、FVD、FVDH、MEE及MEEH，).
2. 凡不带C的阀门均为常开阀门.

空调通风图例
1-1

空调箱性能表

设备编号	服务区域	参考型号	总风量	新风量	机外静压ESP	风机			表面冷却器									蒸汽加热盘管						加湿器		过滤器			噪声	减振方式	备注
						电源	电机功率	最低综合效率	冷量	进出水温	进风参数		出风参数		面风速	工作压力	最大水压降	热量	蒸汽压力	蒸汽耗量	进风温度	出风温度	工作压力	形式	耗汽量	形式	效率				
			m³/h	m³/h	Pa	V-ø-Hz	kW	%	kW	℃	DB ℃	WB ℃	DB ℃	WB ℃	m/s	MPa	kPa	kW	MPa	kg/h	DB ℃	DB ℃	MPa		kg/h		测定方法	%	dB(A)		
AHU-**-**						380-3-50				7/12					2.5	1.0							1.0	干蒸汽						R	

注：二级过滤时，在备注栏内注明所设的粗效过滤器。
R表示橡胶类隔振方式，S表示弹簧隔振方式。

空调箱性能表

设备编号	服务区域	参考型号	总风量	新风量	机外静压ESP	风机			表面冷却器									热水加热盘管						加湿器				过滤器			噪声	减振方式	备注
						电源	电机功率	最低效率	冷量	进出水温	进风参数		出风参数		面风速	工作压力	最大水压降	热量	进出水温	进风温度	出风温度	工作压力	最大水压降	形式	加湿量	电源	功率	形式	效率				
			m³/h	m³/h	Pa	V-ø-Hz	kW	%	kW	℃	DB ℃	WB ℃	DB ℃	WB ℃	m/s	MPa	kPa	kW	℃	DB ℃	DB ℃	MPa	kPa		kg/h	V-ø-Hz	kW		测定方法	%	dB(A)		
AHU-**-**						380-3-50				7/12					2.5	1.0			55/45			1.0		高压喷雾								R	

注：二级过滤时，在备注栏内注明所设的粗效过滤器。
R表示橡胶类隔振方式，S表示弹簧隔振方式。

空调箱性能表

设备编号	服务区域	参考型号	总风量	新风量	机外静压ESP	风机			表面换热器冷却工况									表面换热器加热工况		加湿器				过滤器			噪声	减振方式	备注
						电源	电机功率	最低效率	冷量	进出水温	进风参数		出风参数		面风速	工作压力	最大水压降	热量	进出水温	形式	加湿量	电源	功率	形式	效率				
			m³/h	m³/h	Pa	V-ø-Hz	kW	%	kW	℃	DB ℃	WB ℃	DB ℃	WB ℃	m/s	MPa	kPa	kW	℃		kg/h	V-ø-Hz	kW		测定方法	%	dB(A)		
AHU-**-**						380-3-50				7/12					2.5	1.0			55/45	高压喷雾								R	

注：二级过滤时，在备注栏内注明所设的粗效过滤器。
R表示橡胶类隔振方式，S表示弹簧隔振方式。

空气源热泵机组性能表

设备编号	类型	制冷工质	制冷工况				制热工况				最低制热	水侧				电源	装机功率	运行重量	机组噪声	能效比COP	减振方式	备注
			制冷量	进水温度	出水温度	环境温度	制热量	进水温度	出水温度	环境温度	环境温度	水量	最大水阻力	工作压力	污垢系数							
			kW	℃	℃	℃	kW	℃	℃	℃	℃	m³/h	kPa	MPa	m²K/kW	V-ø-Hz	kW	kg	dB(A)	kW/kW		
ASHP-**	螺杆式	R22		12	7	35		40	45	5				1.0	0.086	380-3-50					S	

注：R表示橡胶类隔振方式，S表示弹簧隔振方式。

热水锅炉性能表

设备编号	类型	锅炉产热量	进水温度	出水温度	热水流量	热效率	工作压力	燃料品种	燃料热值	燃料耗量	供气压力	电源	功率	备注
		kW	℃	℃	m³/h	%	MPa		kJ/kg(kJ/m³)	kg/h(m³/h)	kPa	V-ø-Hz	kW	
B-*			70	90			1.0	天然气						

冷水机组性能表

设备编号	类型	制冷工质	制冷量	蒸发器						冷凝器						压缩机			机组噪声	减振方式	备注
				水量	进水温度	出水温度	最大水阻力	工作压力	污垢系数	水量	进水温度	出水温度	最大水阻力	工作压力	污垢系数	电源	装机功率	COP			
			kW	m³/h	℃	℃	kPa	MPa	m²K/kW	m³/h	℃	℃	kPa	MPa	m²K/kW	V-ø-Hz	kW	kW/kW	dB(A)		
CH-*	离心式	R134a			12	7		1.0			32	37		1.0						R	

注：R表示橡胶类隔振方式，S表示弹簧隔振方式。

直燃式溴化锂冷、热水机组性能表

设备编号	类型	冷水侧							热水侧							冷却水侧						燃料				电源	功率	制冷性能系数	机组噪音	备注
		制冷量	水量	进水温度	出水温度	最大水阻力	工作压力	污垢系数	制热量	水量	进水温度	出水温度	最大水阻力	工作压力	污垢系数	水量	进水温度	出水温度	最大水阻力	工作压力	污垢系数	类型	燃料热值	燃料耗量	供气压力					
		kW	m³/h	℃	℃	kPa	MPa	m²K/kW	kW	m³/h	℃	℃	kPa	MPa	m²K/kW	m³/h	℃	℃	kPa	MPa	m²K/kW		kJ/kg kJ/m³	kg/h (m³/h)	KPa	V-ø-Hz	kW	kW/kW	dB(A)	
DFCH-*				12	7		0.8							0.8			32	38		1.0		天然气								

蒸汽型溴化锂冷水机组性能表:

设备编号	类型	冷水侧							冷却水侧						蒸汽		电源	功率	单位制冷量蒸汽耗量	备注
		制冷量	水量	进水温度	出水温度	最大水阻力	工作压力	污垢系数	水量	进水温度	出水温度	最大水阻力	工作压力	污垢系数	蒸汽压力	蒸汽耗量				
		kW	m³/h	℃	℃	kPa	MPa	m²K/kW	m³/h	℃	℃	kPa	MPa	m²K/kW	MPa	kg/h	V-ø-Hz	kW	kg/(kWh)	
SACH-*				12	7		0.8			32	38		0.8							

带循环水泵的热交换机组性能表:

设备编号	类型	功能	换热量	初级						次级						换热器材质	最高介质温度	流量	扬程	泵体工作压力	转速	电源	电机功率	噪声	运行重量	最低效率	备注
				进水温度	出水温度	水量	最大水压降	工作压力	污垢系数	进水温度	出水温度	水量	最大水压降	工作压力	污垢系数												
			kW	℃	℃	m³/h	kPa	MPa	m²K/kW	℃	℃	m³/h	kPa	MPa	m²K/kW		℃	m³/h	kPa	MPa	r/min	V-ø-Hz	kW	dB(A)	kg	%	
HEU-*				90	70			1.0		45	55			1.0		不锈钢				1.0	1450	380-3-50					

冷却塔性能表:

设备编号	类型	冷却能力	进风湿球温度	进塔水温	出塔水温	电源	风机		水加热器		机组噪声	运行重量	减振方式	备注
							功率	数量	功率	数量				
		m³/h	℃	℃	℃	V-ø-Hz	kW	台	kW	台	dB(A)	kg		
CT-*			28.2	37	32	380-3-50							R	

注:R表示橡胶类隔振方式,S表示弹簧隔振方式

风机盘管额定性能表

设备编号	形式	参考型号	风机					冷盘管							加热盘管					噪声	数量	备注
			高档风量	机外静压 ESP	机外余静压	电源	电机功率	全热	显热	进出水温	进风参数		工作压力	最大水压降	热量	进出水温	进风温度	工作压力	最大水压降			
			m³/h	Pa	Pa	V-ø-Hz	W	kW	kW	℃	DB ℃	WB ℃	MPa	kPa	kW	℃	DB ℃	MPa	kPa	dB(A)	台	
FCU-**	卧式暗装									7/12			1.0			55/45		1.0				

汽-水快速换热器性能表

设备编号	类型	功能	换热量	蒸汽侧		热水侧						材质		备注
				蒸汽压力	流量	进水温度	出水温度	流量	最大水阻力	工作压力	污垢系数	壳体	换热管	
			kW	MPa	kg/h	℃	℃	m³/h	kPa	MPa	m²K/kW			
SHE-*	壳管式					45	55			1.0		碳钢	铜管	

板式换热器性能表

设备编号	类型	功能	换热量	初级						次级						换热器材质	备注
				进水温度	出水温度	水量	最大水压降	工作压力	污垢系数	进水温度	出水温度	水量	最大水压降	工作压力	污垢系数		
			kW	℃	℃	m³/h	kPa	MPa	m²K/kW	℃	℃	m³/h	kPa	MPa	m²K/kW		
WHE-*	板式			90	70			1.0		45	55			1.0		不锈钢	

泵性能表

设备编号	类型	功能	介质	最高介质温度	流量	扬程	泵体工作压力	转速	电源	电机功率	噪声	运行重量	最低效率	ER	减振方式	轴封方式	备注
				℃	m³/h	kPa	MPa	r/min	V-ø-Hz	kW	dB(A)	kg	%				
P-*			H_2O				1.0	1450	380-3-50						R	机械	

注:R表示橡胶类隔振方式,S表示弹簧隔振方式

空调通风设备表(2)

1-2.002

分体式空调器额定性能表

设备编号	服务区域	形式		制冷工质	制冷工况				制热工况			室内风机		电源	功率	噪声	能效比 COP	减振方式	备注
		室外机	室内机		制冷量	内机进风参数		室外气温	制热量	内机进风参数	室外气温	风量	机外静压 ESP						
					kW	DB ℃	WB ℃	℃	kW	DB ℃	℃	m³/h	Pa	V-ø-Hz	kW	dB(A)	kW/kW		
SAC-*-*			壁挂式	R22				35						220-1-50				R	

注:R表示橡胶类隔振方式,S表示弹簧隔振方式

风机性能表

设备编号	服务区域	风机形式	参考型号	驱动方式	风量	全压/静压	转速	轴功率	电机功率	电源	运行重量	机组噪声	最低综合效率	WS	应急电源	减振方式	备注
					m³/h	Pa	rpm	kW	kW	V-ø-Hz	kg	dB(A)	%				
SF-*-*										380-3-50						R	

注:R表示橡胶类隔振方式,S表示弹簧隔振方式

变风量末端设备性能表

设备编号	类型	设计风量	一次风风量		风机				加热盘管					电加热器			最大风量时风阻	噪声	数量	备注
			MAX	MIN	风量	机外静压 ESP	电源	电机功率	进出水温	热量	进风温度	工作压力	最大水压降	每级功率	级数	电源				
		m³/h	m³/h	m³/h	m³/h	Pa	V-ø-Hz	W	℃	kW	℃	MPa	kPa	kW	级	V-ø-Hz	Pa	dB(A)	台	
VAV-**	*/*/*/*						220-1-50					1.0				220-1-50				

注:类型:V可变风量;C定风量;FP电动风机并联型;FPS电动风机串联型;与压力无关型;与压力有关型;再热型

水/油箱性能表

设备编号	名称	材质	有效容积	工作压力	外形尺寸				备注
					直径	长	宽	高	
			m³	MPa	mm	mm	mm	mm	
WT/OT-*	水/油箱	碳钢	1.0						

除垢仪:

设备编号	类型	服务系统	参考型号	管径	流量	适应水质		工作压力	除垢率	灭藻率	有效作用时间	电源	电功率	备注
						总硬度	水温							
				mm	t/h	mg/L	℃	MPa	%	%	h	V-ø-Hz	kW	
WTR-*														

膨胀水箱:

设备编号	类型	服务系统	参考型号	适用水温	总容积	有效容积	外形尺寸	备注
				℃	L	L	LxWxH(mm)	
ET-*								

低位膨胀水罐:

设备编号	类型	服务系统	参考型号	适用水温	总容积	有效容积	最大工作压力	稳压泵流量	稳压泵扬程	电源	稳压泵功率	备注
				℃	L	L	MPa	m³/h	kPa	V-ø-Hz	kW	
ECT-*												

空调通风设备表(3)

1-2.003

变冷媒流量多联机室内机性能表

设备编号	服务区域	形式	制冷工质	制冷工况				制热工况			室内风机		电源	功率	噪声	减振方式	台数	备注
				制冷量	内机进风参数		室外气温	制热量	内机进风参数	室外气温	风量	机外静压ESP						
				kW	DB ℃	WB ℃	℃	kW	DB ℃	℃	m^3/h	Pa	V-ø-Hz	kW	dB(A)			
SACN-*-*-*																		

注:SACN-*-*-*

- 室内机规格，如50K代表50卡式
- 对应室外机编号
- 室内机所在楼层

变冷媒流量多联机室外机额定性能表

设备编号	服务区域	形式	制冷工质	制冷工况				制热工况			电源	功率	噪声	COP	减振方式	备注
				制冷量	内机进风参数		室外气温	制热量	内机进风参数	室外气温						
				kW	DB ℃	WB ℃	℃	kW	DB ℃	℃	ø-V-Hz	kW	dB(A)	kW/kW		
SACW-*-*-*																

注:SACW-*-*-*

- 室外机规格
- 室外机编号
- 室外机所在楼层

R表示橡胶类隔振方式,S表示弹簧隔振方式

热回收器额定性能表

设备编号	服务区域	形式	类型	热交换效率	热交换效率		新风侧					排风侧					电源	噪声	减振方式	备注
							风量	机外静压	进风参数		功率	风量	机外静压	进风参数		功率				
					制冷用	供热用	m^3/h	Pa	DB ℃	WB ℃	kW	m^3/h	Pa	DB ℃	WB ℃	kW	V-ø-Hz	dB(A)		
HRV-*-*-*																				

注 形式:全热交换、显热交换;类型:转轮式、板翅式、盘管式.
R表示橡胶类隔振方式,S表示弹簧隔振方式

油烟净化设备

设备编号	服务区域	类型	风量	除油效率	风阻	电源	功率	备注
			m^3/h	%	Pa	V-ø-Hz	W	
LHU-*-*								

空调通风设备表(4)

1-2.004

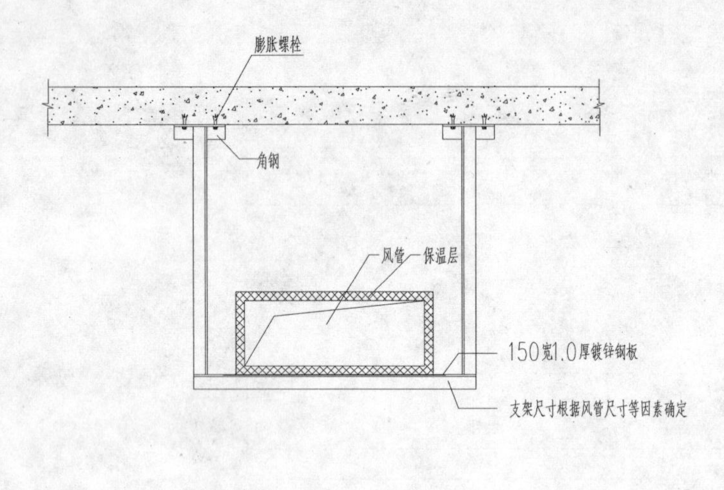

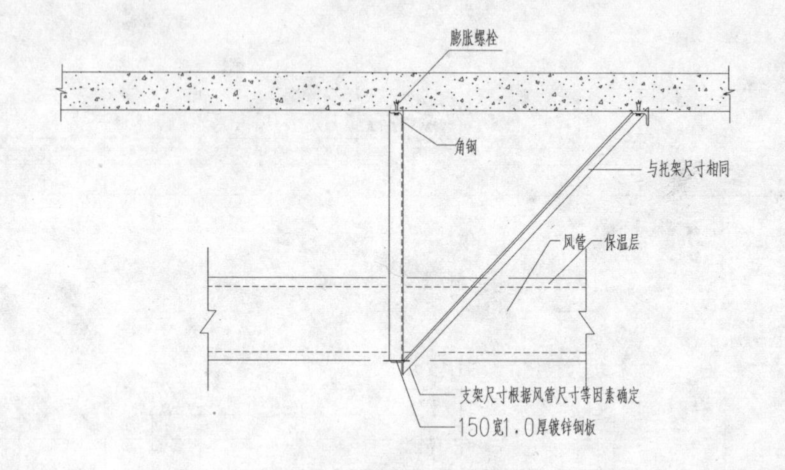

保温风管防晃支架

2-1-001.001

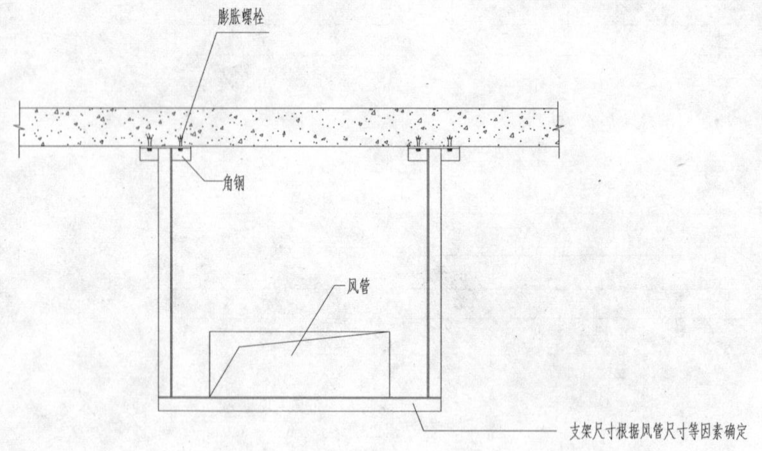

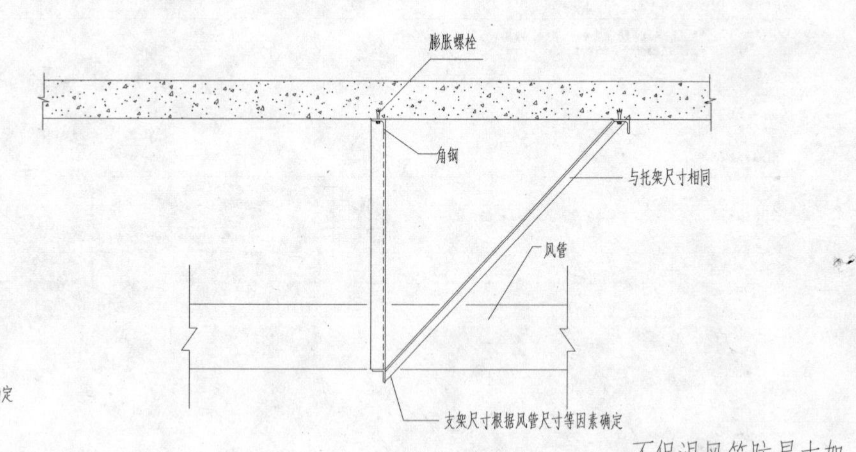

不保温风管防晃支架

2-1-001.002

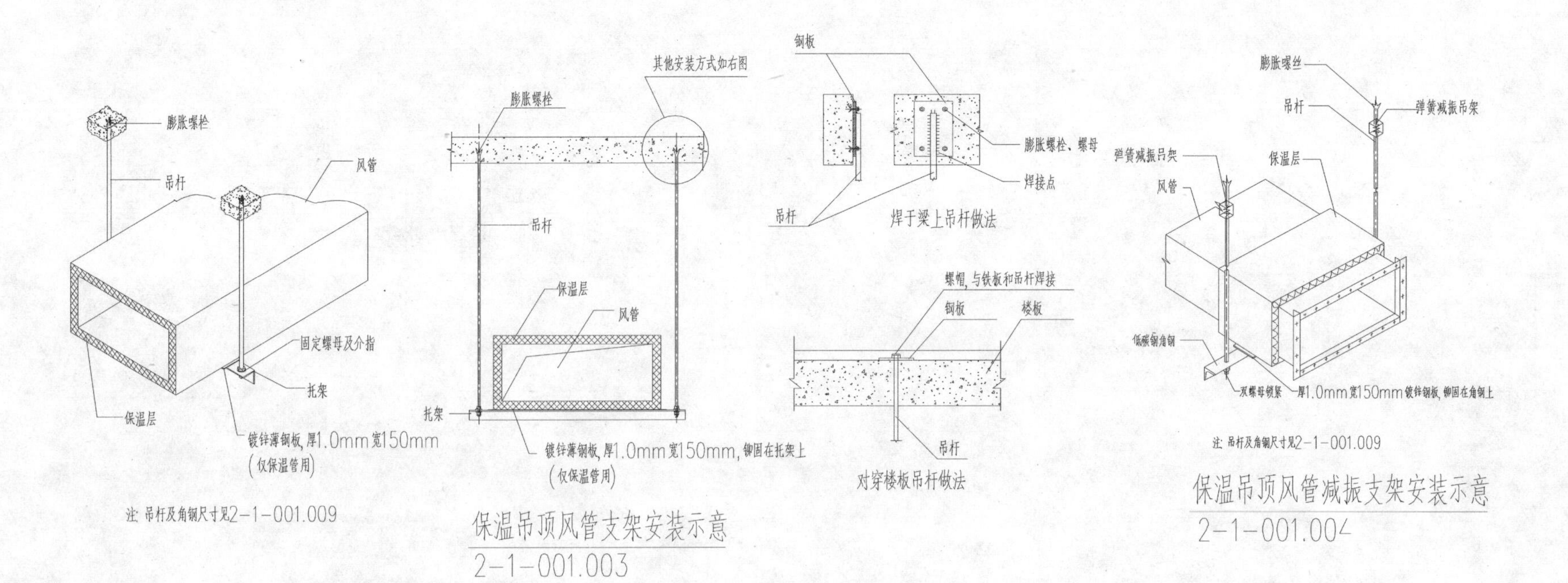

保温吊顶风管支架安装示意
2-1-001.003

保温吊顶风管减振支架安装示意
2-1-001.004

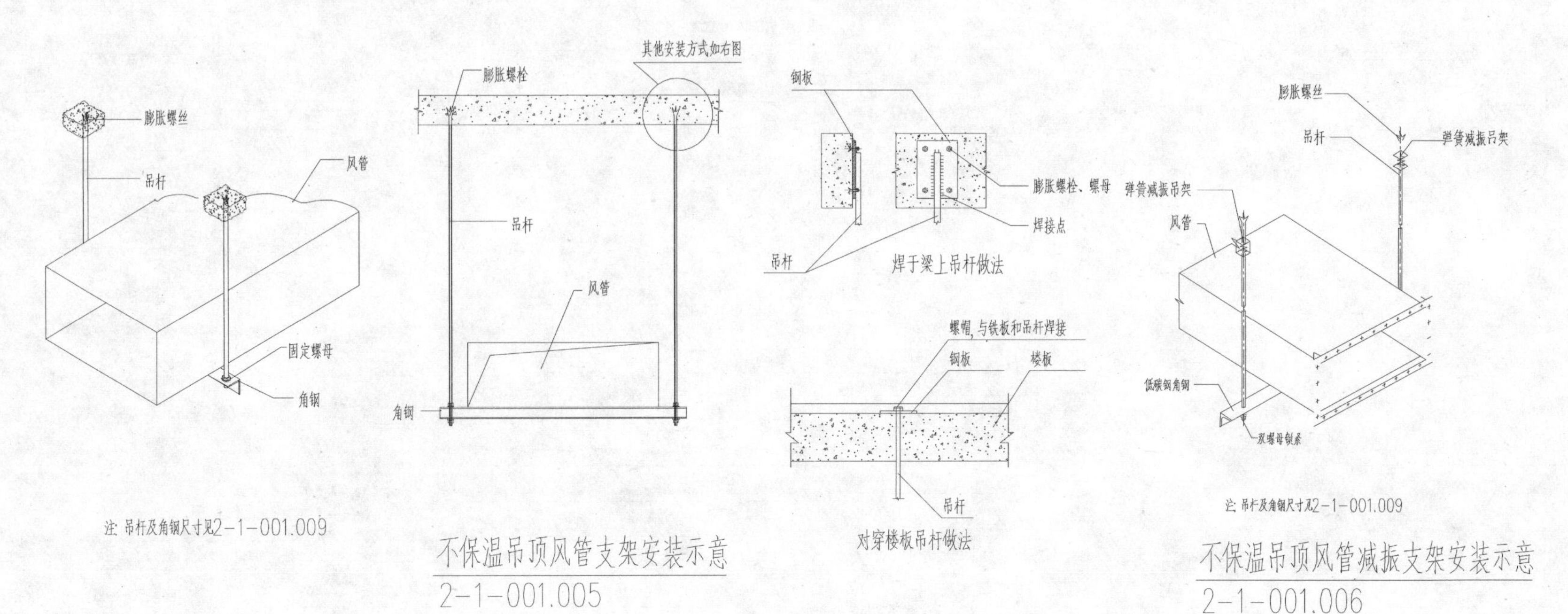

不保温吊顶风管支架安装示意
2-1-001.005

不保温吊顶风管减振支架安装示意
2-1-001.006

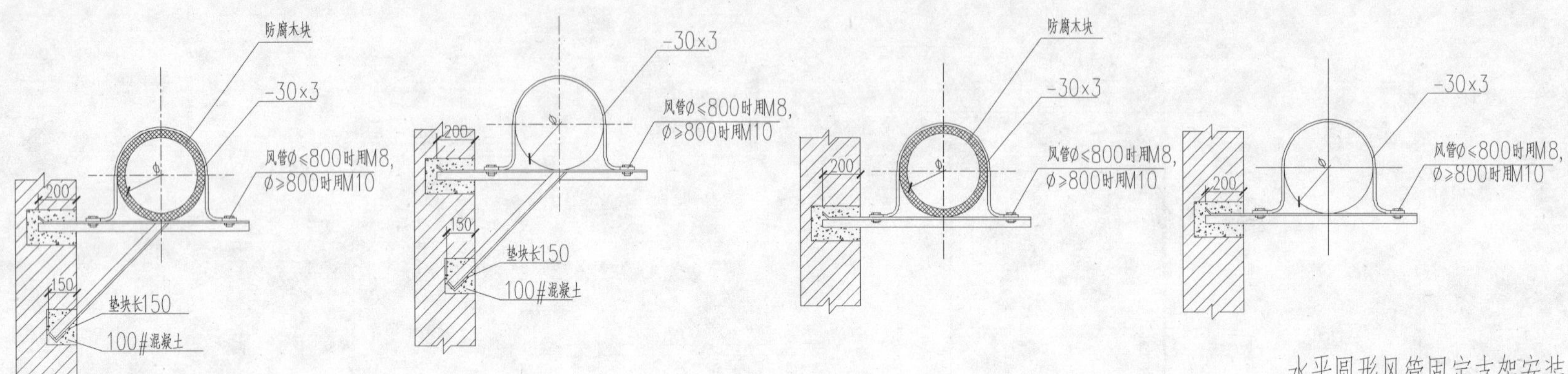

水平圆形风管固定支架安装示意图

2-1-001.007

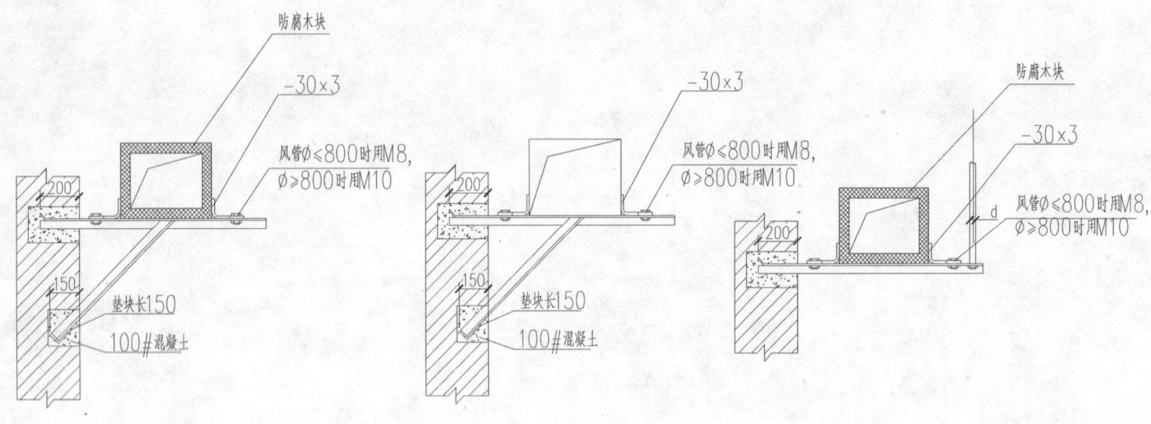

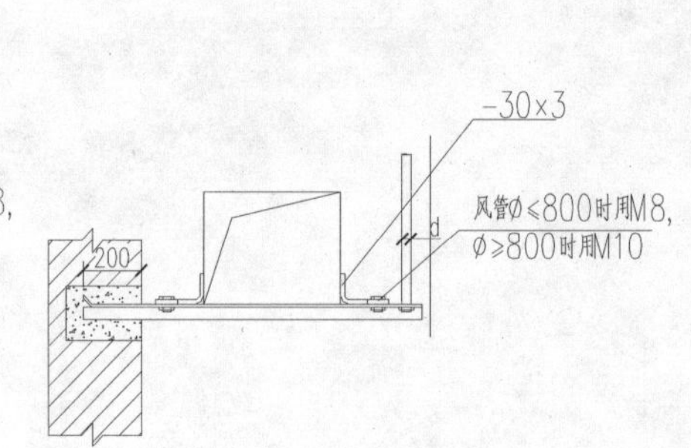

水平矩形风管固定支架安装示意图

2-1-001.008

有斜撑支架的型钢规格			
斜支撑的角钢规格		水平支撑的型钢规格	
悬臂长度 l	角钢规格	风管直径 Ø	型钢规格
l≤400	L 30x30x4	Ø≤320	与斜支撑规格相同
400<l≤800	L 40x40x3	320<Ø≤630	L 50x50x3
800<l≤1000	L 50x50x4	630<Ø≤1000	L 63x63x5
		1000<Ø≤1400	[5

注:

1. 悬臂支架规格见2-1-001.009.
2. 有斜撑支架的规格见本图附表.
3. 当用槽钢做悬臂支架时, 须加固定梁, 其作法参见2-1-002.005.
4. 零件之间连接,图中未表示者均为焊接.
5. 风管与支架的固定方法也可互相参照采用, 如焊接和螺接.
6. 所有连接螺丝的螺帽处均安装弹簧垫圈.
7. 所有风管支吊架的油漆均与风管外表面油漆相同.
8. 所有风管支吊架等非镀锌铁件均应除锈后刷防锈漆二度, 色漆二度.
9. 风管固定支架处采用防腐木块衬垫型式, 衬垫厚度与绝热层厚度相同.
10. 该图引自标准图集.

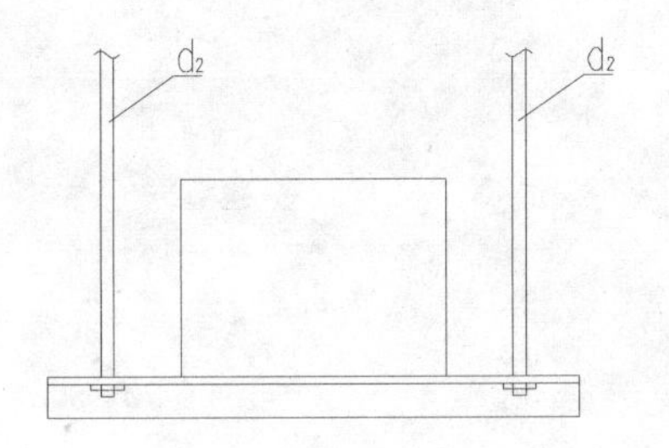

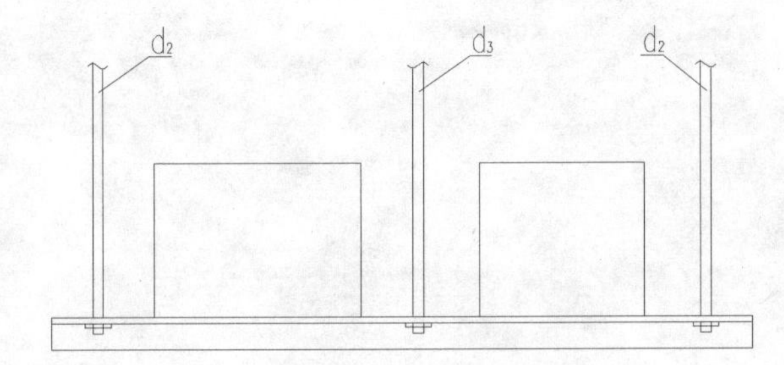

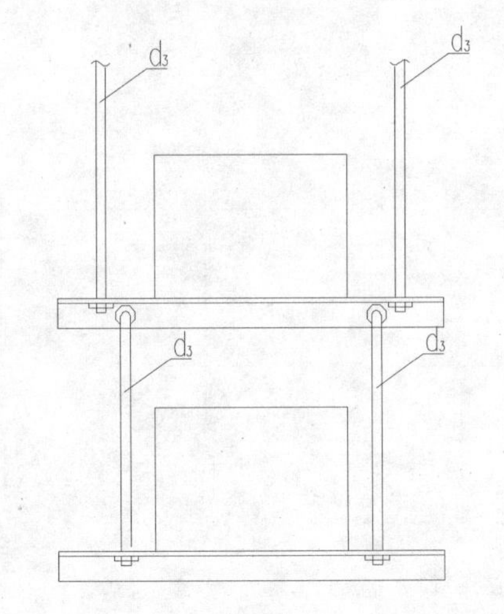

注：1. d_2d_3规格见附表.
2. 矩形风管吊架角钢的规格见附表.
3. 当吊杆较长时安装花篮螺丝.
4. 该图引自标准图集.

表1 不保温矩形风管支架规格

δ	P	M	W	L	P_2	d_2	P_3	d_3
bXh≤500X500 或 b+h≤1000								
≤1.2	86.4	265	0.19	25x25x3	43.2	M10	86.4	M10
500X500<bXh≤800X800 或 1000<b+h≤1600								
δ	P	M	W	L	P_2	d_2	P_3	d_3
0.6	69	276	0.20	25x25x3	34.5	M10	69	M10
0.8	92	368	0.26	25x25x3	46.0	M10	92	M10
1.0	115	463	0.33	25x25x3	34.5	M10	69	M10
1.2	138	553	0.40	25x25x3	46.0	M10	92	M10
1.5	173	594	0.50	25x25x3	34.5	M10	69	M10
800X800<bXh≤1200X1200 或 1600<b+h≤2400								
δ	P	M	W	L	P_2	d_2	P_3	d_3
0.8	138	726	0.52	30x30x3	69	M10	138	M10
1.0	173	911	0.65	30x30x4	86.5	M10	173	M10
1.2	208	1092	0.78	30x30x4	104	M10	208	M10
1.5	260	1365	0.97	36x36x4	130	M10	260	M10

表2 保温矩形风管支架规格

P	M	W	L	P_2	d_2	P_3	d_3
bXh≤600X600 或 b+h≤1200							
100	659	0.50	30x30x3	50	M10	100	M10
200	1375	0.98	36x36x3	100	M10	200	M10
300	2070	1.48	45x45x3	150	M10	300	M10
400	2750	1.97	50x50x3	200	M10	400	M10
500	3445	2.46	56x56x3	250	M10	500	M10
600X600<bXh≤900X900 或 1200<b+h≤1800							
P	M	W	L	P_2	d_2	P_3	d_3
200	1563	1.12	40x40x3	100	M10	200	M10
300	2355	1.68	50x50x3	150	M10	300	M10
400	3123	2.24	56x56x3	200	M10	400	M12
500	3917	2.80	56x56x4	250	M10	500	M12
900X900<bXh≤1200X1200 或 1800<b+h≤2400							
P	M	W	L	P_2	d_2	P_3	d_3
200	1750	1.25	45x45x3	100	M10	200	M10
300	2640	1.89	50x50x3	150	M10	300	M10
400	3500	2.50	56x56x4	200	M10	400	M12
500	4390	3.14	56x56x4	250	M10	500	M12
1200X1200<bXh≤1400X1400 或 2400<b+h≤2800							
P	M	W	L	P_2	d_2	P_3	d_3
200	2830	2.02	45x45x4	100	M10	200	M10
300	3750	2.68	56x56x4	150	M10	300	M12
400	4705	3.37	63x63x4	200	M10	400	M12
500	5625	4.02	63x63x4	250	M10	500	M12

计算公式：$P=1.5\cdot 4b\cdot l\cdot \delta\cdot 8=144\cdot b\cdot \delta$（方形）

$P=1.5\cdot 2(b+h)\cdot l\cdot \delta\cdot 8=72\cdot(b+h)\cdot \delta$（矩形）

1.5 —— 考虑中间一个支点失效的安全系数；
b —— 矩形风管底边宽(mm)；
h —— 矩形风管侧边高(mm)；
l —— 支架之间的距离(m)，式中采用3m；
8 —— δ=1mm时每m^2钢板的重量($kg/m^2\cdot mm$)；
δ —— 风管壁厚(mm)；
P —— 风管荷重(kg)　当风管为保温时，还应加上保温层之重量（表2中P已包括保温层）；
a —— 风管侧壁与吊杆的距离，不保温风管a=30mm，保温风管a=100mm；
M —— 弯矩(kg·cm)；
W —— 断面系数(cm^3)。

注：P_2.P_3 为对应于吊杆d_2.d_3之风管荷重(kg)。

水平风管支架安装规格

2-1-001.009

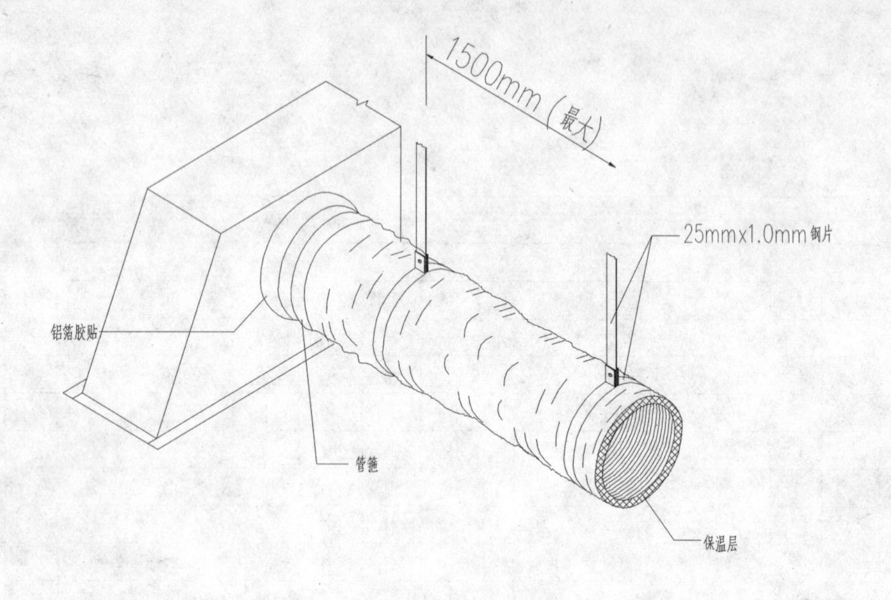

说明：1. 风管段从连接处到弯头处应保持100mm以上的直管段。
2. 软管在吊架间最大下垂距离为42mm/m。

风管软管连接示意图
2-1-001.010

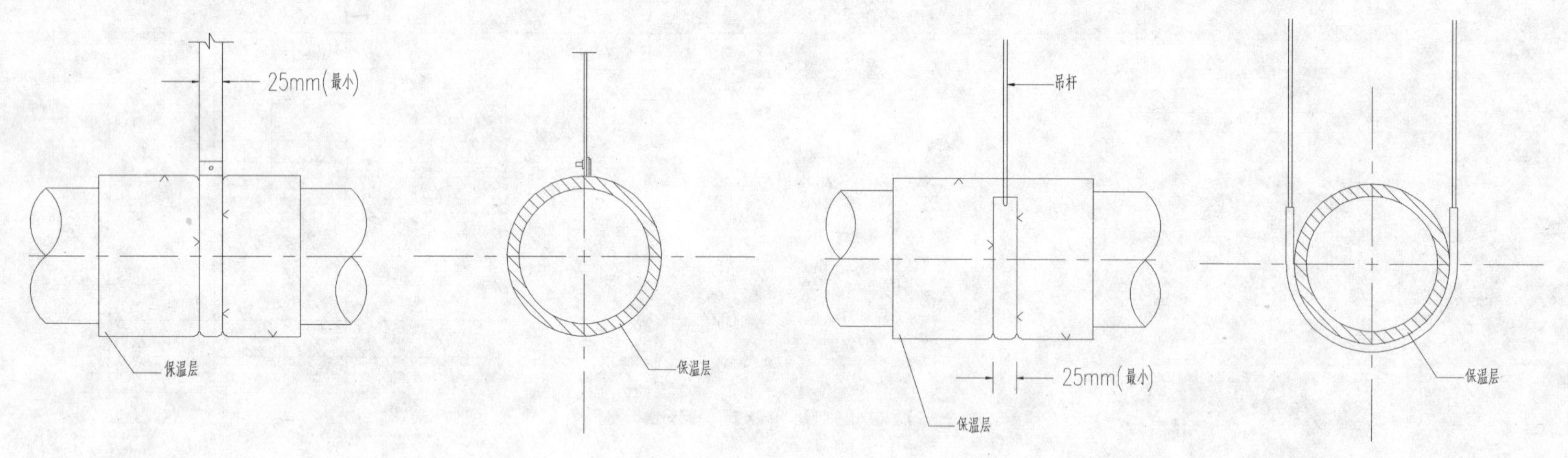

风管软管吊架示意图
2-1-001.011

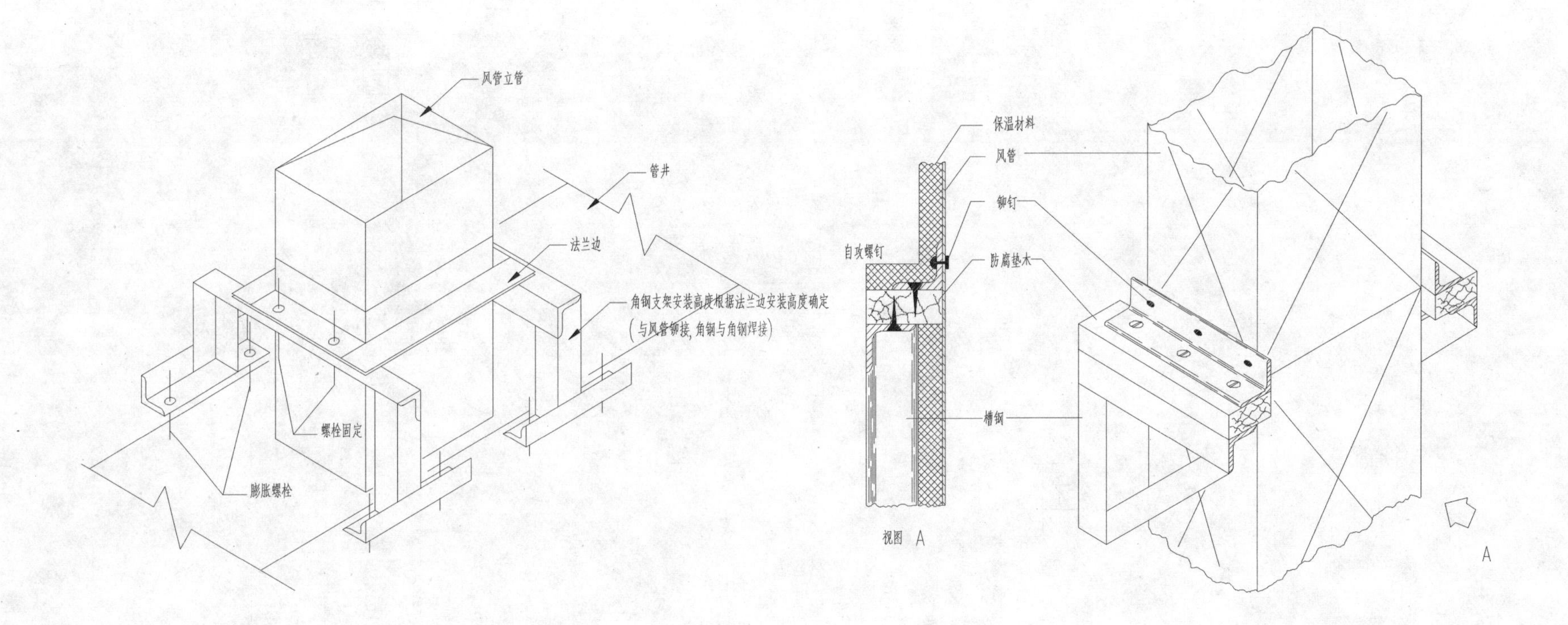

不保温风管立管固定支架示意图
2-1-002.001

垂直保温风管支承示意图
2-1-002.002

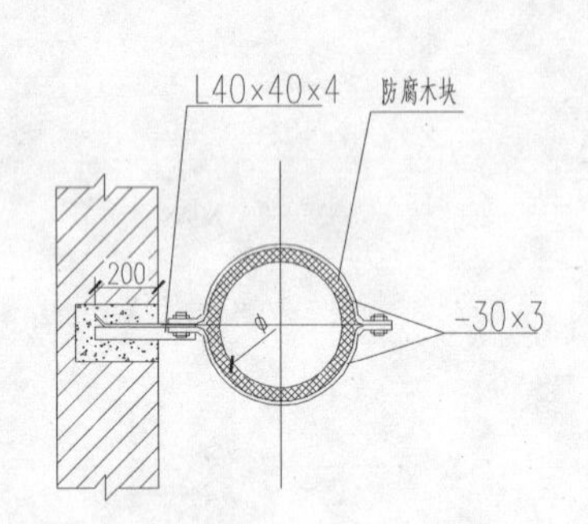

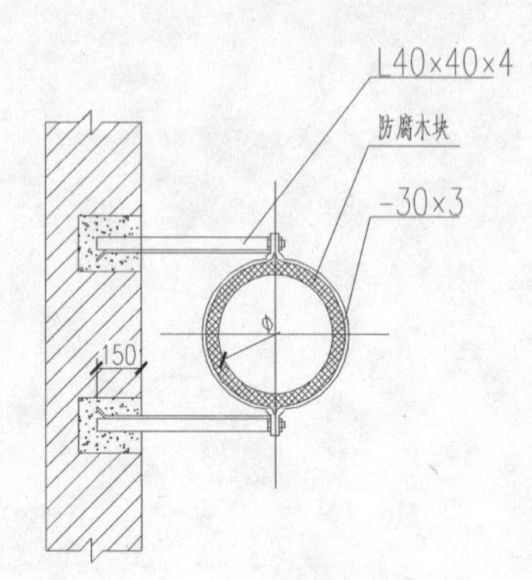

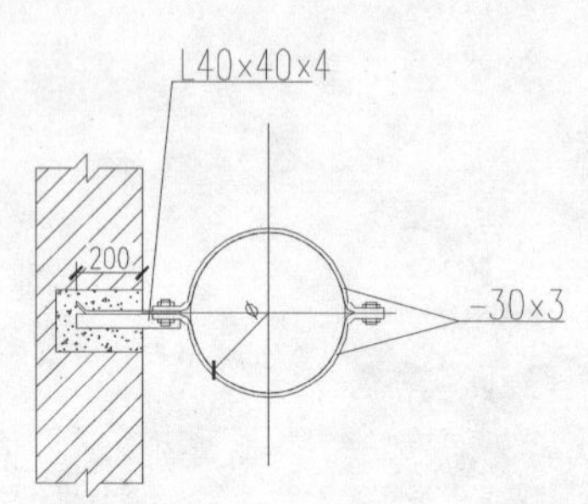

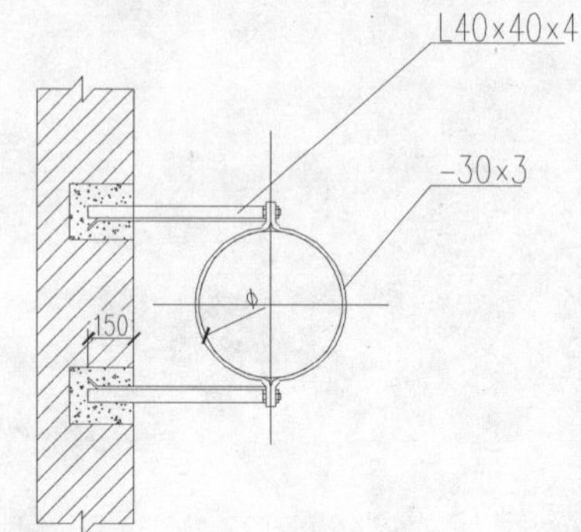

垂直圆形风管活动支架安装示意图

2-1-002.003

注:
1. 一端插入墙内，一端悬吊的支架规格见2-1-002.005.
2. 当用槽钢做悬臂支架时，须加固定梁，其作法参见2-1-002.005.
3. 零件之间连接，图中未表示者均为焊接.
4. 竖风管支架不承受荷重，只作导向之用.
5. 风管与支架的固定方法也可互相参照采用，如焊接和螺接.
6. 所有连接螺丝的螺帽处均安装弹簧垫圈.
7. 所有风管支吊架等镀锌铁件，均应在除锈后刷防锈漆二度.
8. 该图引自标准图集.

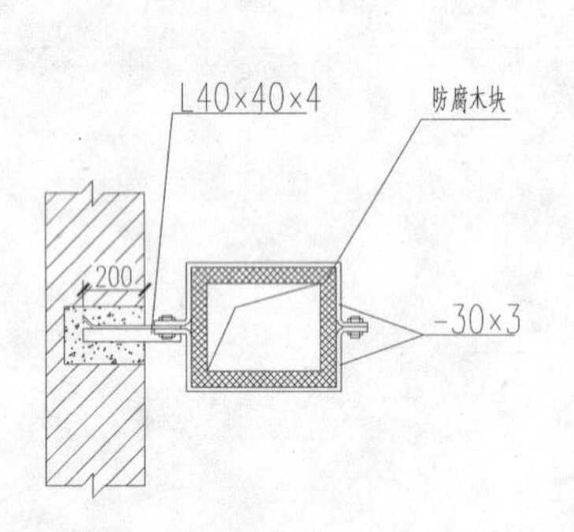

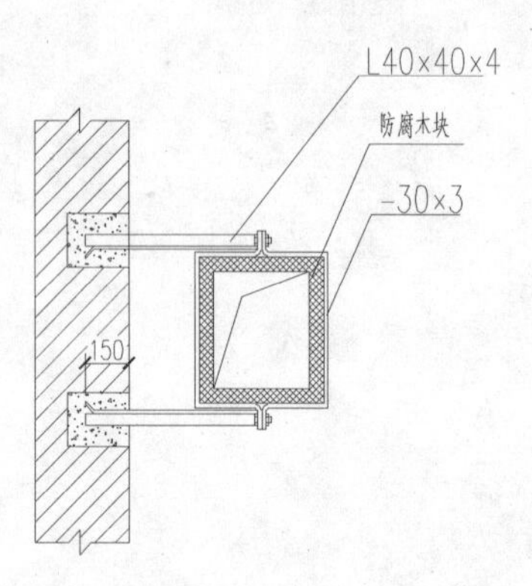

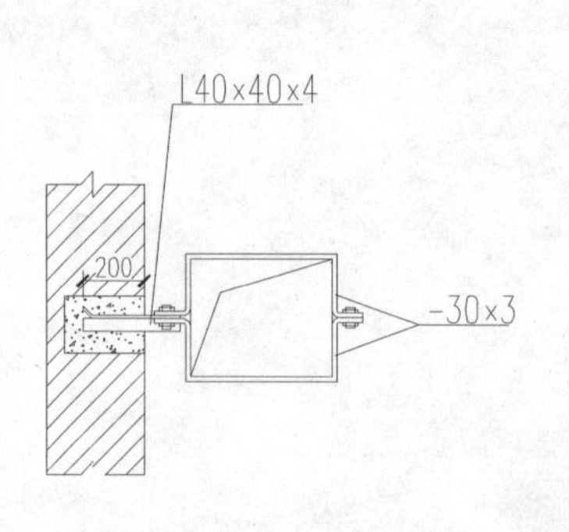

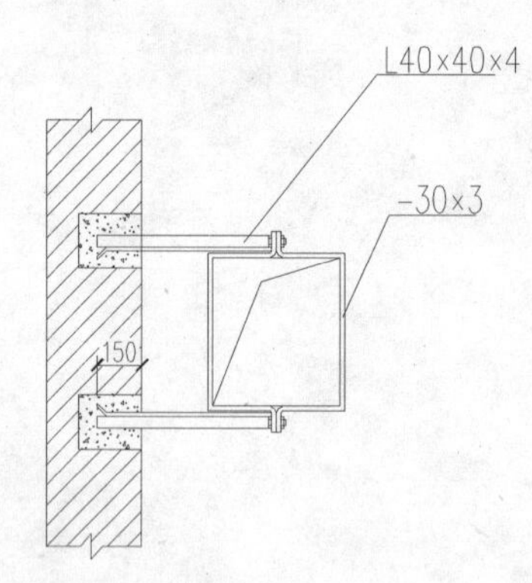

垂直矩形风管活动支架安装示意图

2-1-002.004

注:
1. 一端插入墙内，一端悬吊的支架规格见2-1-002.005.
2. 当用槽钢做悬臂支架时，须加固定梁，其作法参见2-1-002.005.
3. 零件之间连接，图中未表示者均为焊接.
4. 竖风管支架不承受荷重，只作导向之用.
5. 风管与支架的固定方法也可互相参照采用，如焊接和螺接.
6. 所有连接螺丝的螺帽处均安装弹簧垫圈.
7. 所有风管支吊架等镀锌铁件，均应在除锈后刷防锈漆二度.
8. 该图引自标准图集.

当用槽钢作悬臂支架时，须加固定梁，其作法如下：

I：当用⊏5为支架时：

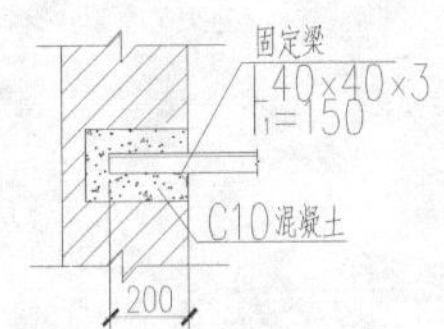

II：当用⊏6.5为支架时：

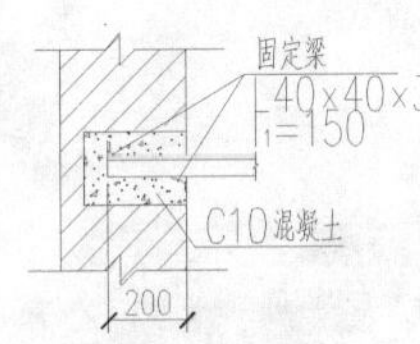

计算公式：$P=1.5\cdot\pi\cdot\phi\cdot l_0\cdot\delta\cdot 8=12\pi\phi l_0\delta$

1.5 —— 考虑中间一个支点失效的安全系数

π —— 圆周率

ϕ —— 风管直径(m)

l_0 —— 支架之间的距离(m)

当$\phi\leq360$时，$l_0=4m$，当$\phi>360$时，$l_0=3m$

8 —— $\delta=1mm$时每m^2钢板的重量($kg/m^2\cdot mm$)

δ —— 风管壁厚(mm)

P —— 风管荷重(kg)　当风管为保温时，还应加上保温层之重量

$M=Pl$　(即表2中的P)

l —— 支架悬臂长度(mm)

M —— 弯矩(kg·cm)

$W=M/\sigma$

σ —— 允许应力，取1400kg/cm^2

W —— 断面系数(cm^3)

注：该图引自标准图集。

表1　不保温风管悬臂支架规格

	l≤400				400<l≤800										400<l≤800									
	ø≤320				ø≤320					320<ø≤630					630<ø≤1000					1000<ø≤1400				
δ	P	M	W	L	P	M	W	L	⊏	P	M	W	L	⊏	P	M	W	L	⊏	P	M	W	L	⊏
0.6	29	1160	0.83	36x36x3	29	1160	0.83	36x36x3	-	45	3600	2.57	50x50x3	-	70	5600	4.00	63x63x5	-	97	7760	5.54	70x70x5	-
0.8	38	1540	1.10	40x40x3	38	1540	1.10	40x40x3	-	60	4800	3.43	56x56x3	-	93	7400	5.31	70x70x5	-	130	10400	7.44	——	5
1.0	48	1900	1.36	45x45x3	48	1900	1.36	45x45x3	-	75	6000	4.30	56x56x4	-	116	9300	6.65	——	5	162	12900	9.20	——	5
1.2	58	2300	1.65	50x50x3	58	2300	1.65	50x50x3	-	90	7000	5.00	63x63x4	-	139	11200	8.00	——	5	194	15500	11.10	——	6.5
1.5	73	2900	2.07	56x56x3	73	2900	2.07	56x56x3	-	112	9000	5.44	63x63x5	-	174	14000	10.10	——	6.5	242	19400	13.90	——	6.5
2.0	96	3900	2.79	56x56x4	96	3900	2.79	56x56x4	-	150	12000	5.50	70x70x5	-	232	18600	13.30	——	6.5	323	25900	18.50	——	8
	l≤400				400<l≤800										800<l≤1000									
	ø≤320				630<ø≤1000					1000<ø≤1400					630<ø≤1000					1000<ø≤1400				
δ	P	M	W	L	P	M	W	L	⊏	P	M	W	L	⊏	P	M	W	L	⊏	P	M	W	L	⊏
0.8	45	1800	.29	45x45x3	70	5600	4.00	63x63x5	-	97	7760	5.54	70x70x5	-	70	7000	5.00	63x63x5	-	97	9700	6.93	——	5
1.0	60	2400	.72	50x50x3	93	7400	5.31	70x70x5	-	130	10400	7.44	——	5	93	9300	6.65	——	5	130	13000	9.30	——	6.5
1.2	75	3000	2.14	56x56x3	116	9300	6.65	——	5	162	12900	9.20	——	5	116	11600	8.30	——	5	162	16200	11.58	——	6.5
1.5	90	3600	2.50	56x56x4	139	11200	8.00	——	5	194	15500	11.10	——	6.5	139	13900	9.94	——	6.5	194	19400	13.87	——	6.5
1.5	112	4500	3.22	63x63x4	174	14000	10.10	——	6.5	242	19400	13.90	——	6.5	174	17400	12.43	——	6.5	242	24200	17.30	——	8
2.0	150	6000	4.29	63x63x5	232	18600	13.30	——	6.5	323	25900	18.50	——	8	232	23200	16.58	——	8	323	32300	23.05	——	10

表2　保温风管悬臂支架规格

P	M	W	L	⊏
l≤400				
100	4000	2.86	56x56x4	-
200	8000	5.70	70x70x5	-
300	12000	8.57	——	5
400	16000	11.42	——	6.5
500	20000	14.30	——	6.5
400<l≤800				
100	8000	5.70	70x70x5	-
200	16000	11.42	——	6.5
300	24000	17.30	——	8
400	32000	22.82	——	10
500	40000	28.60	——	10
800<l≤1000				
100	10000	7.15	——	5
200	20000	14.30	——	6.5
300	30000	8.57	——	8
400	40000	11.42	——	10
500	50000	14.30	——	12

风管悬臂支架规格

2-1-002.005

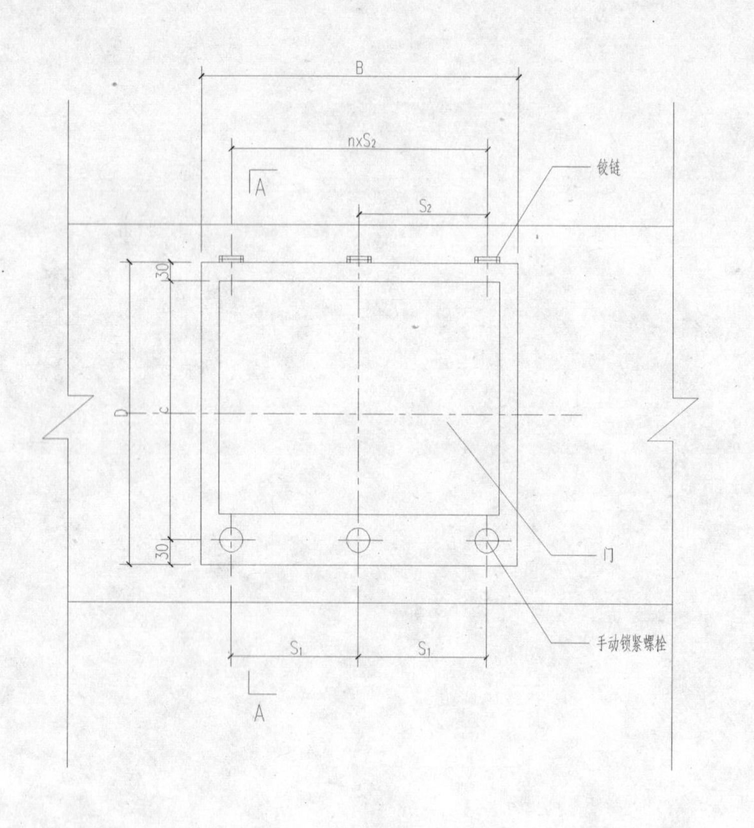

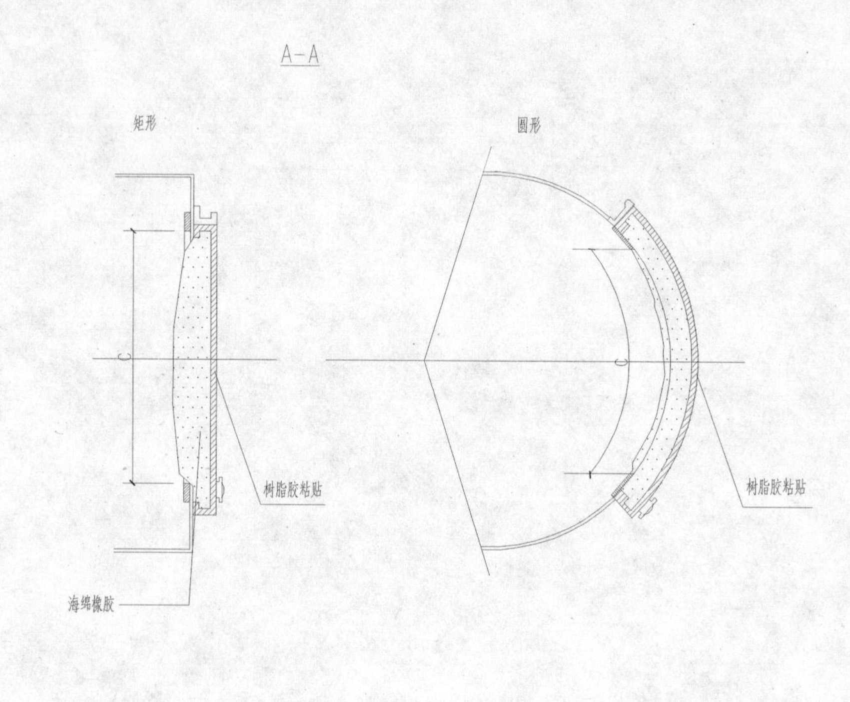

风管检查孔

尺寸表							
型号	A	B	C	D	S_1	S_2	n
Ⅰ	210	270	150	230	100	170	1
Ⅱ	310	370	250	340	145	270	1
Ⅲ	460	520	400	480	210	210	2

重量表	
型号	重量(kg)
Ⅰ	~1.68
Ⅱ	~2.89
Ⅲ	~4.95

说明:

1. 门压紧后应保证与风管壁面密封.
2. 全部安装要求严密牢固.
3. 检查孔内外涂红丹防锈漆二遍，面漆按设计要求确定.
4. 该图引自标准图集.

风管检查孔
2-1-003.001

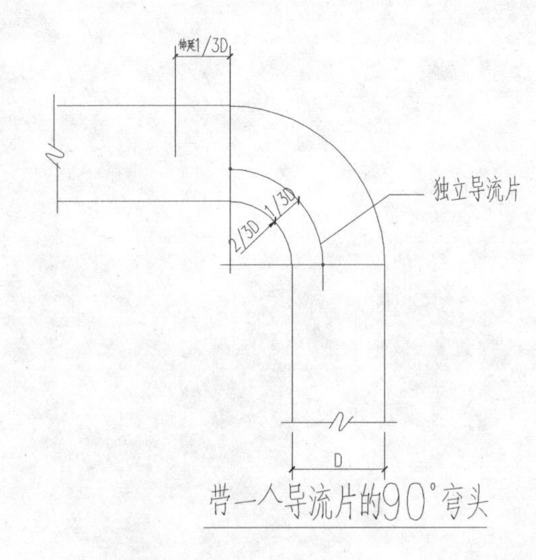

带一个导流片的90°弯头

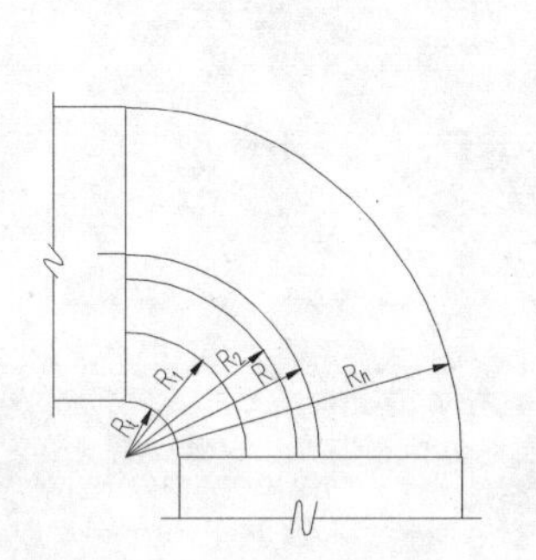

带二个导流片的90°弯头

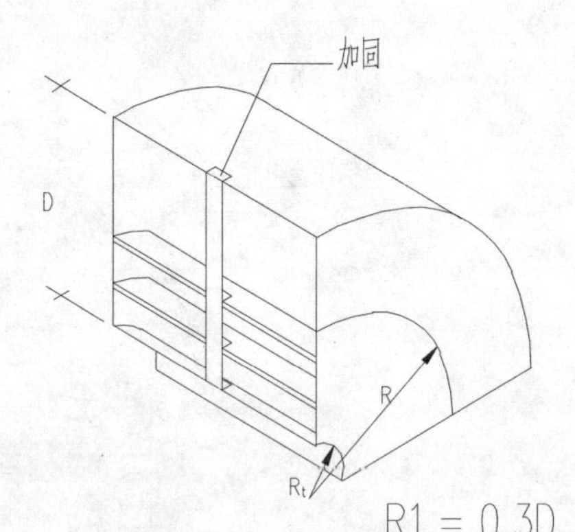

R1 = 0.3D
R2 = 0.6D
R = 弯头中心线半径
R1 = 外管半径=D - 80
Rt = 3/4 D
最少 Rt = 80mm

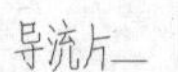

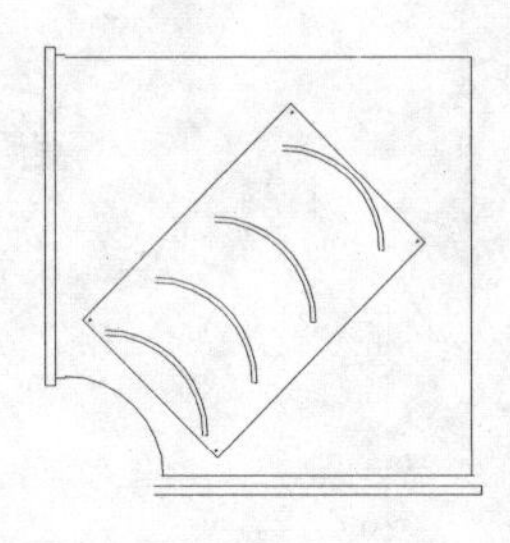

直角弯头

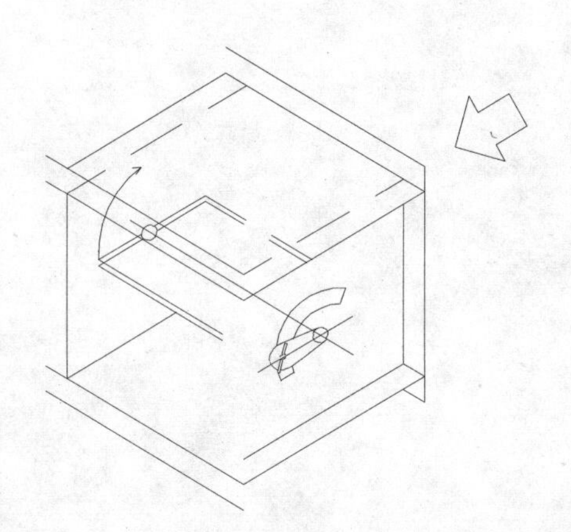

风量调节阀

风管导流弯头、三通(1)
2-1-004.001

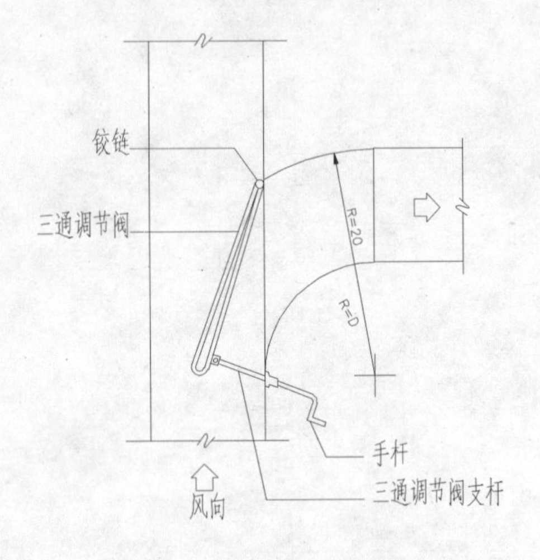

弯型三通弯头连三通调节阀

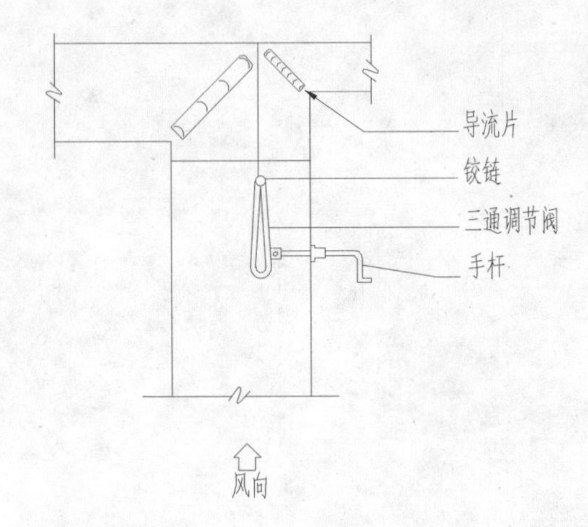

三通弯头连两个三通调节阀

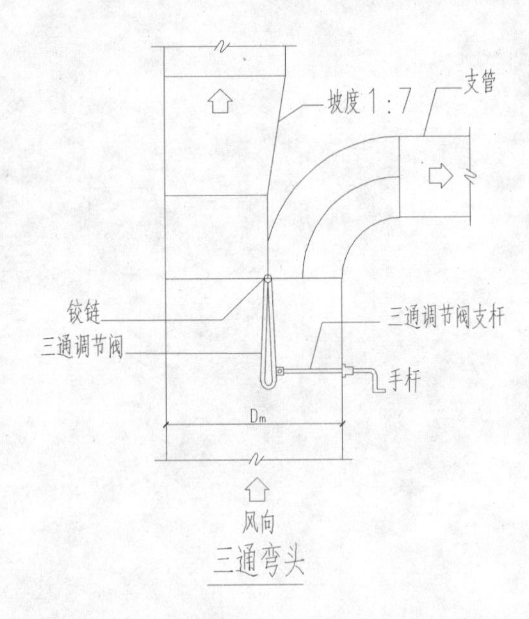

三通弯头

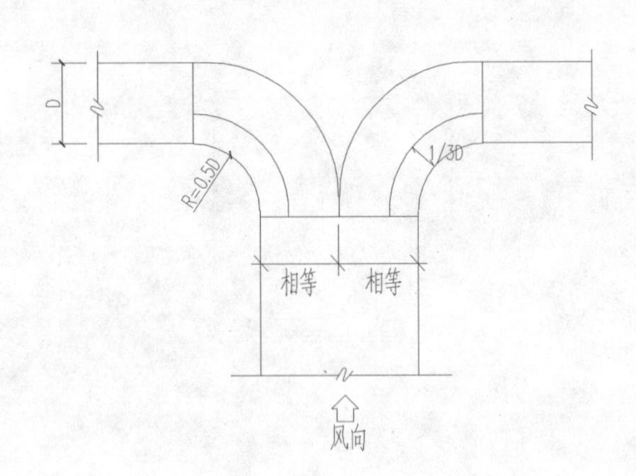

相等三通弯头

风管导流弯头、三通(2)
2-1-004.002

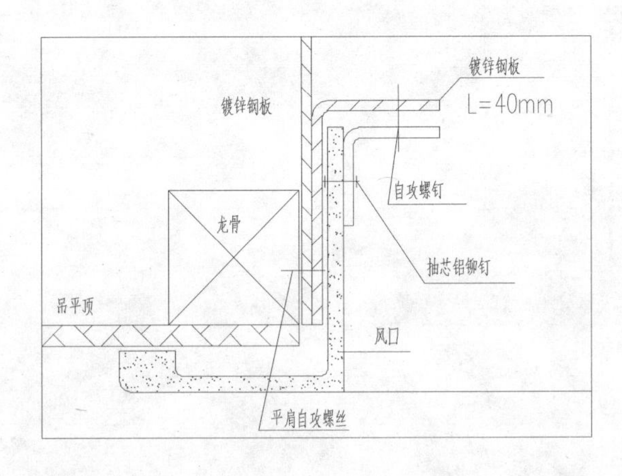

风口安装示意图(1)

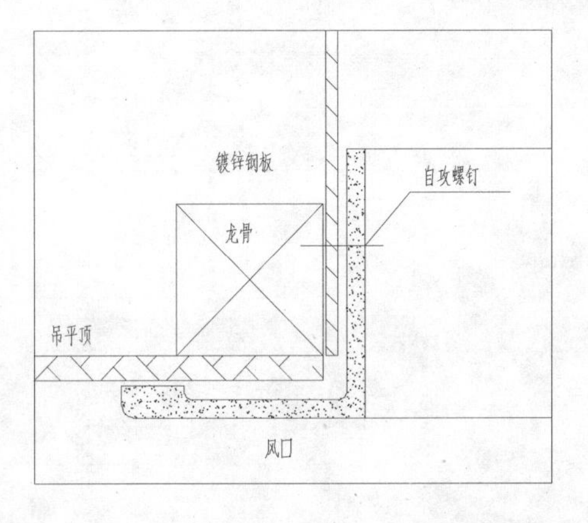

风口安装示意图(3)

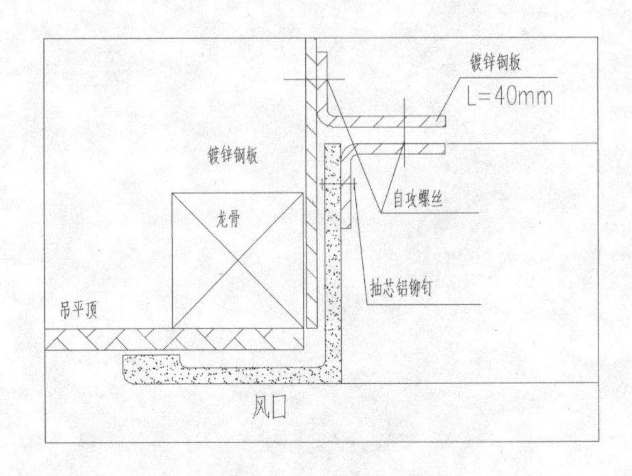

风口安装示意图(2)

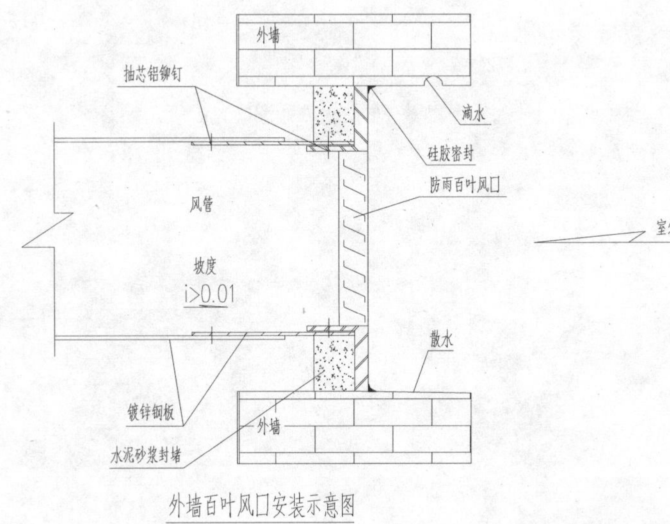

外墙百叶风口安装示意图

风口安装
2-1-005.001

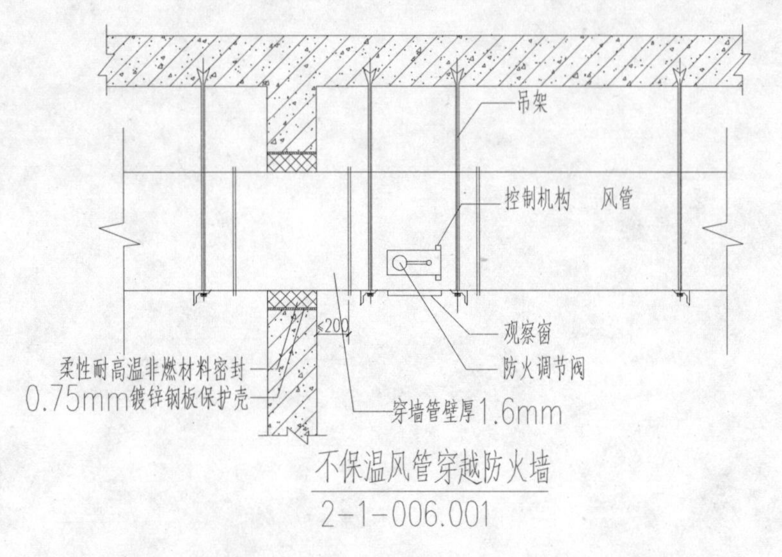

不保温风管穿越防火墙

2-1-006.001

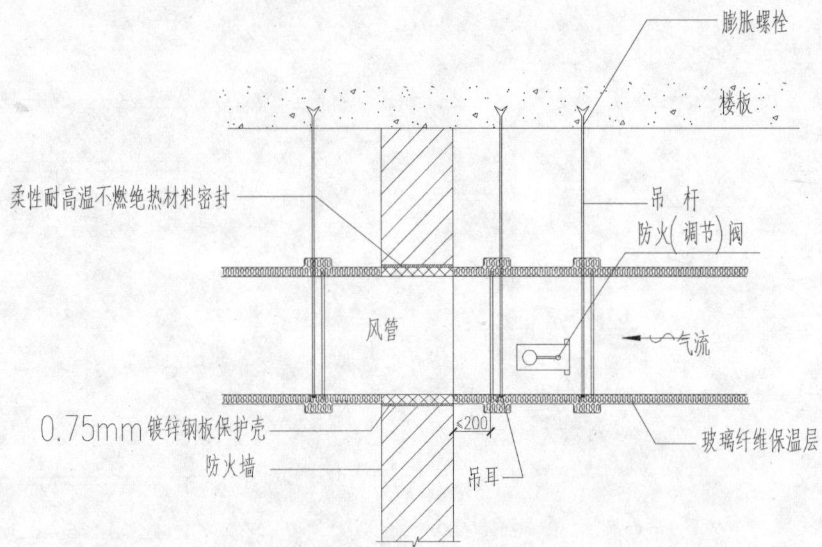

保温风管穿越防火墙

2-1-006.002

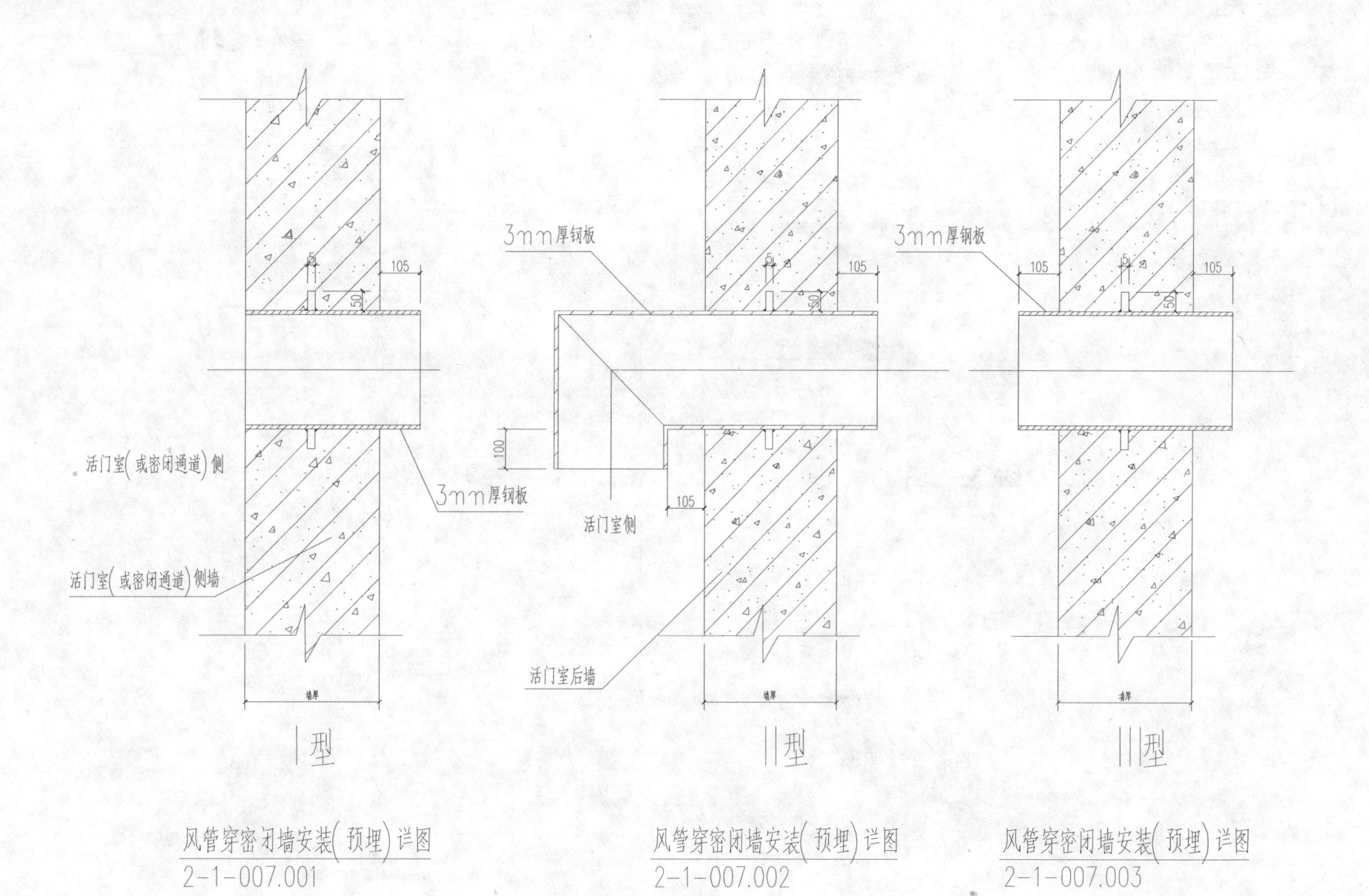

风管穿密闭墙安装(预埋)详图
2-1-007.001

风管穿密闭墙安装(预埋)详图
2-1-007.002

风管穿密闭墙安装(预埋)详图
2-1-007.003

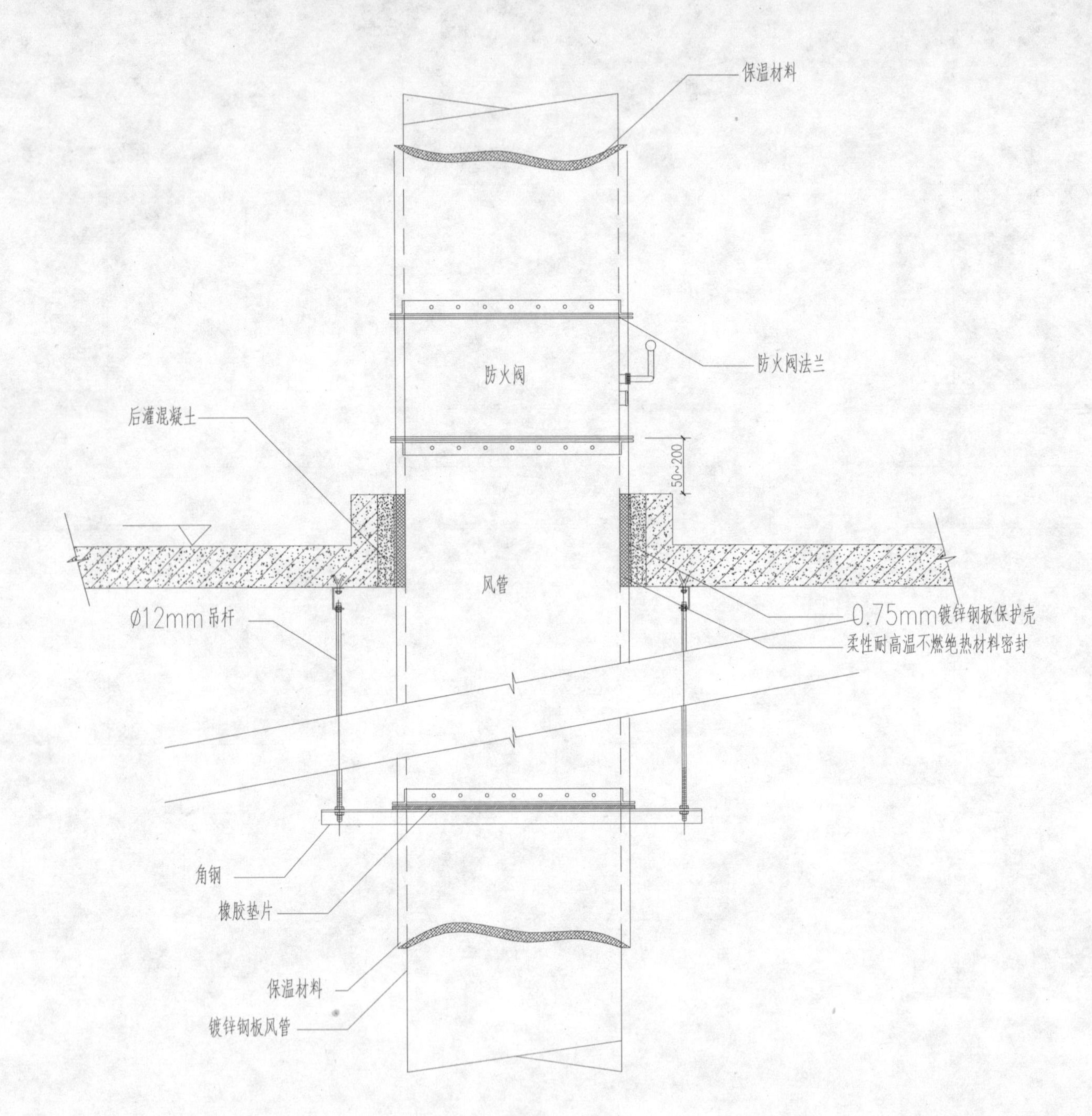

风管穿越楼板详图(1)
2-1-008.001

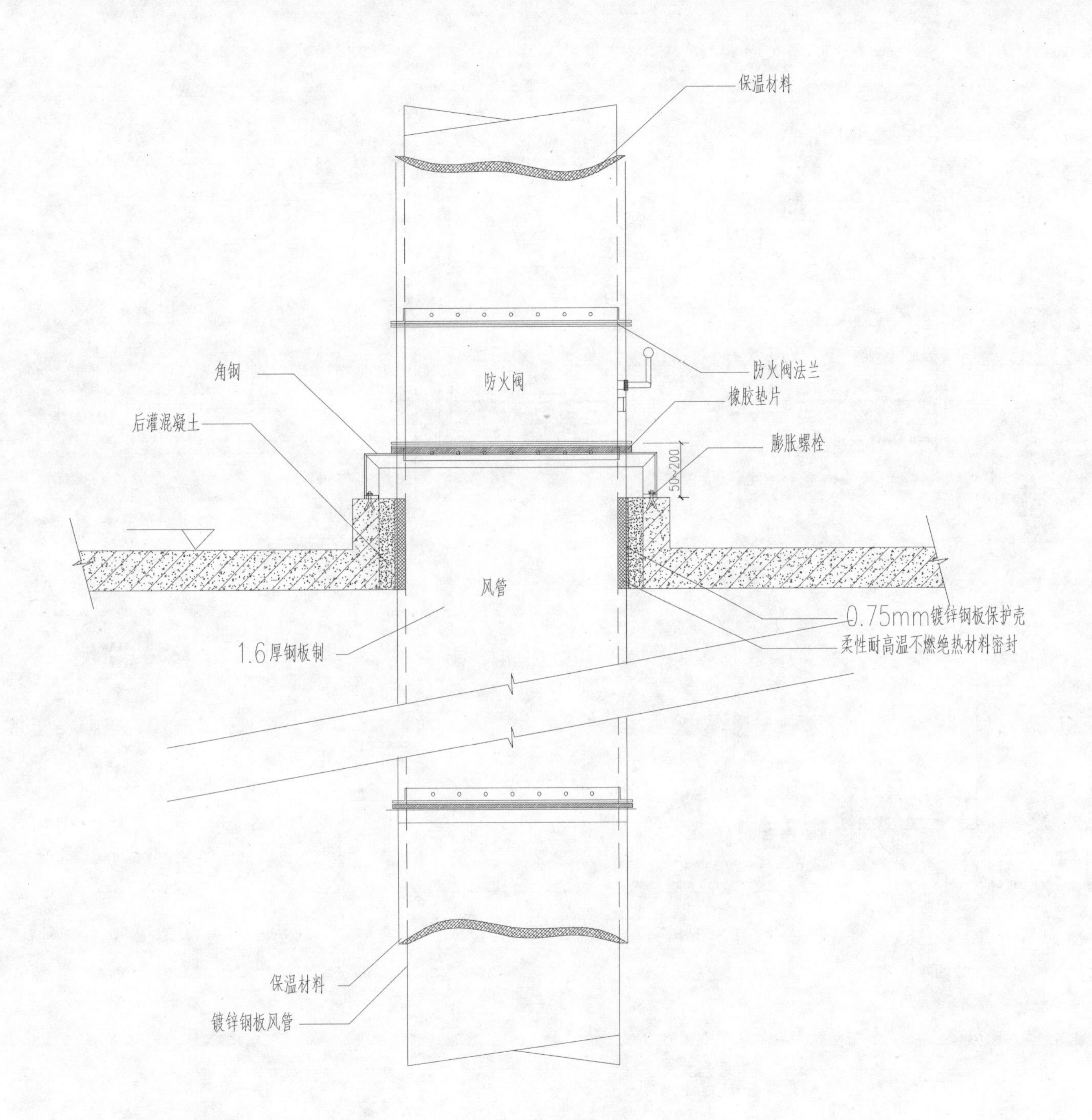

风管穿越楼板详图(2)
2-1-008.002

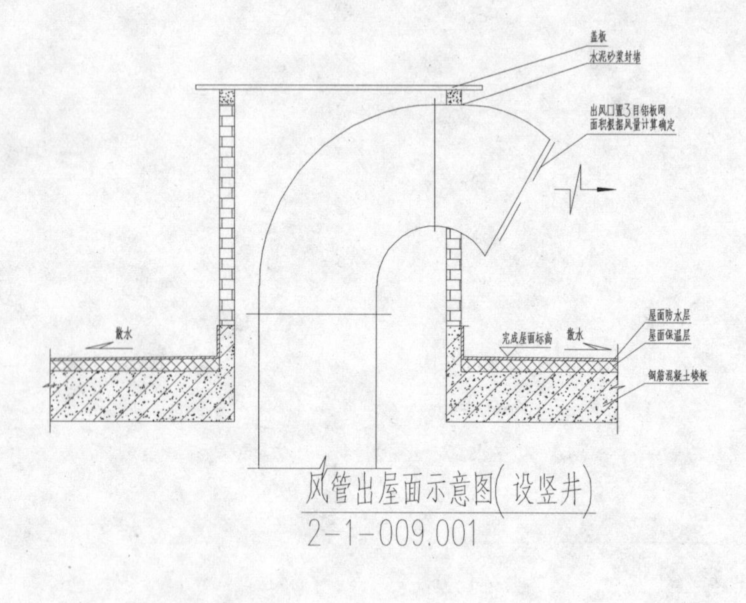

风管出屋面示意图(设竖井)
2-1-009.001

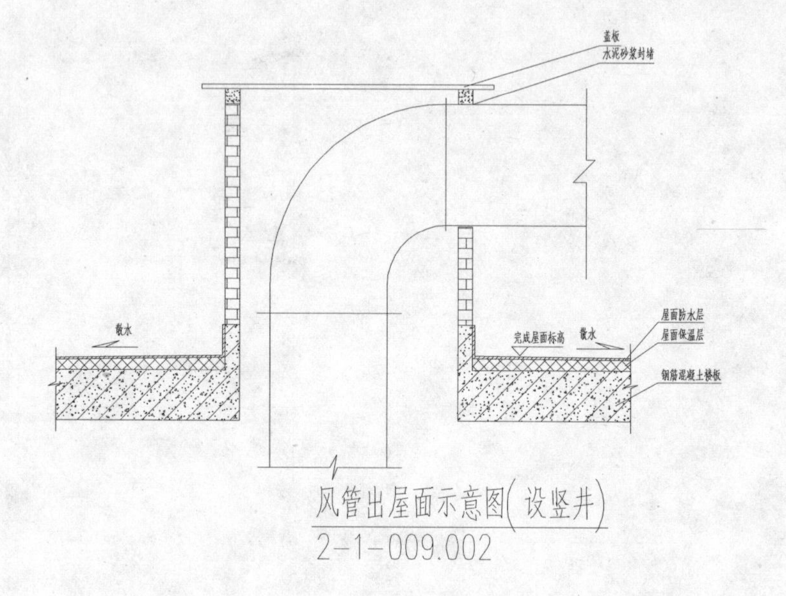

风管出屋面示意图(设竖井)
2-1-009.002

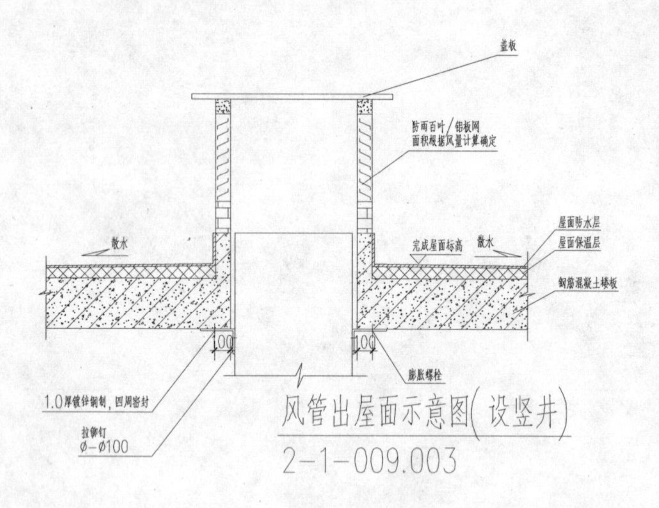

风管出屋面示意图(设竖井)
2-1-009.003

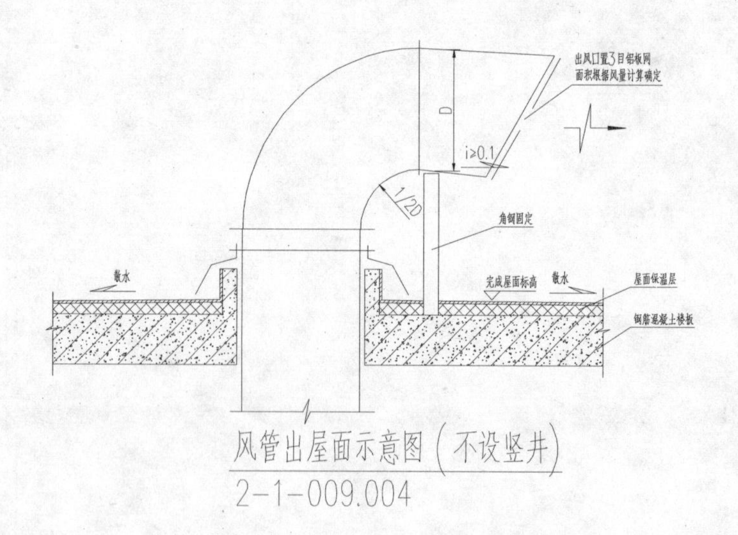

风管出屋面示意图(不设竖井)
2-1-009.004

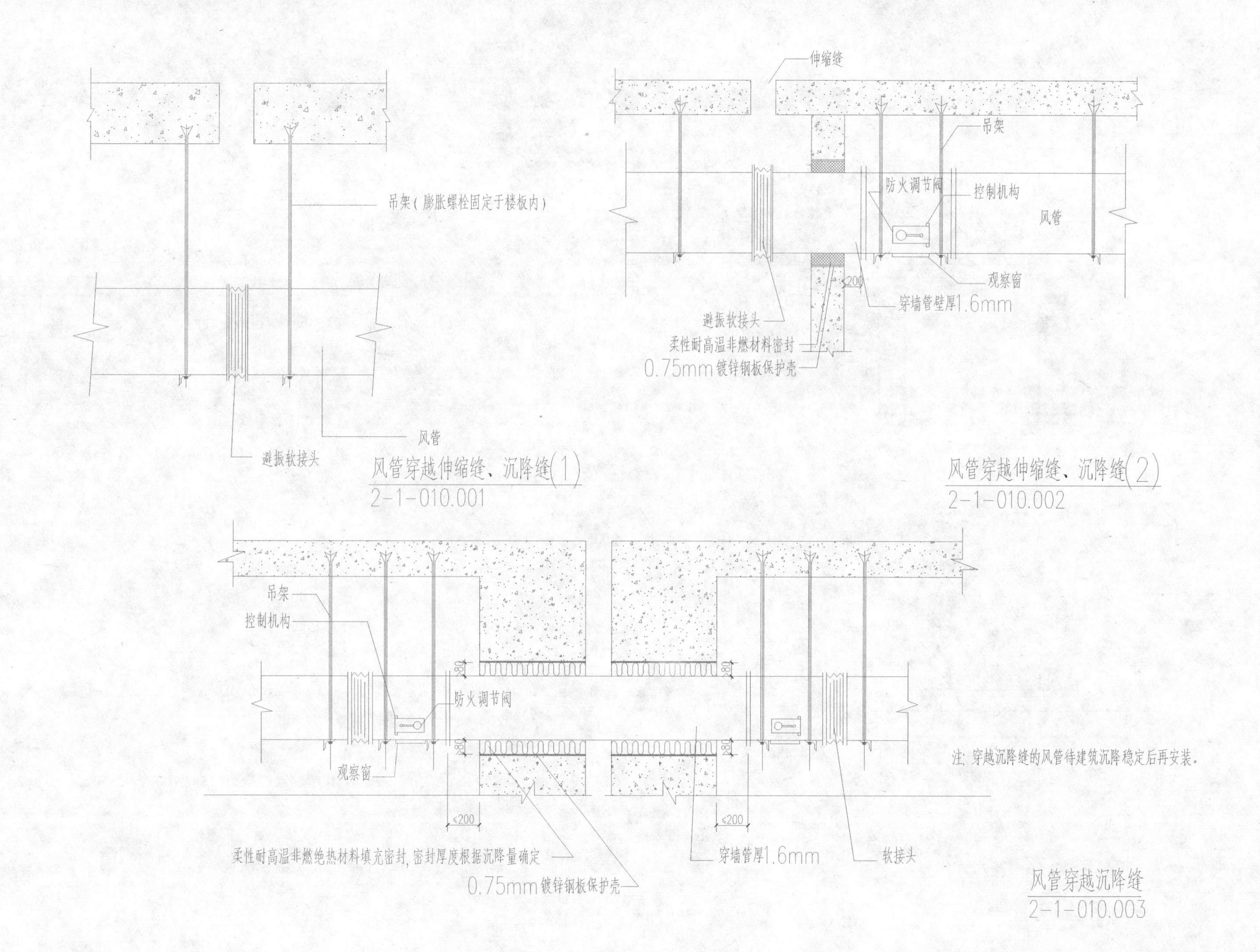

风管穿越伸缩缝、沉降缝(1)
2-1-010.001

风管穿越伸缩缝、沉降缝(2)
2-1-010.002

注：穿越沉降缝的风管待建筑沉降稳定后再安装。

风管穿越沉降缝
2-1-010.003

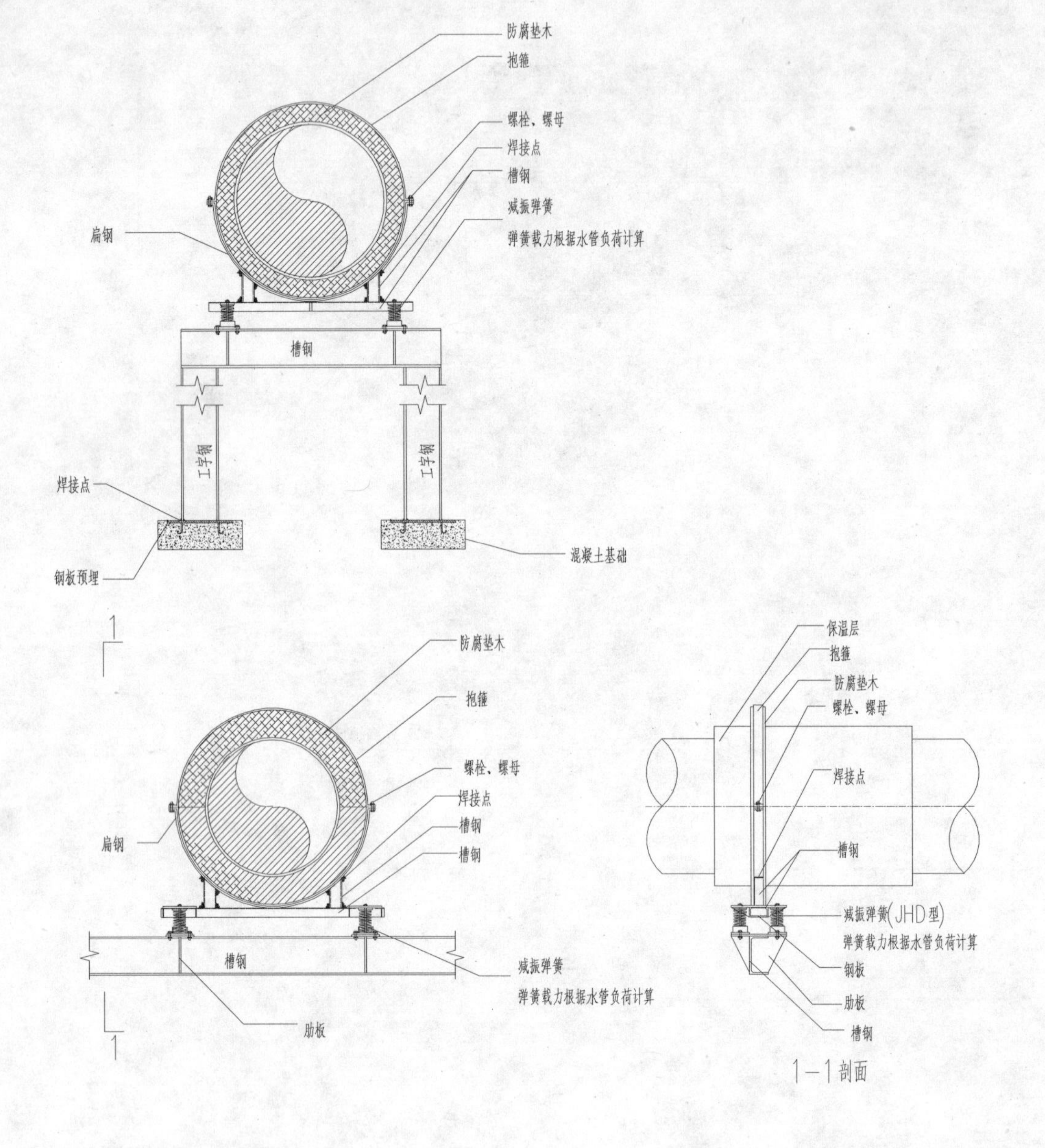

注：所有钢板连接处为满焊，工字钢具体型号须根据水管受力情况计算确定.

水管管道减震支架安装示意图(1)

2-2-001.001

注：　　处为满焊，槽钢具体型号须根据水管受力情况计算确定.

水管管道减震支架安装示意图(2)

2-2-001.002

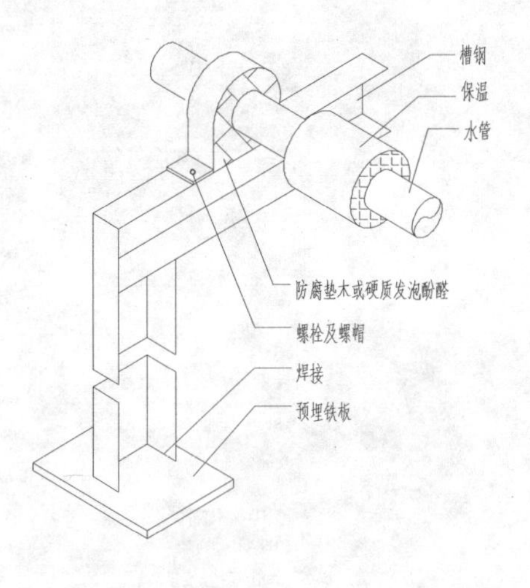

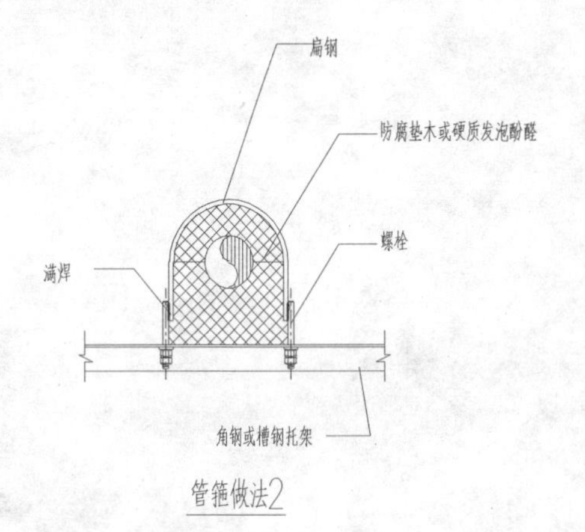

管箍做法2

保温水管支承示意图
2-2-001.003

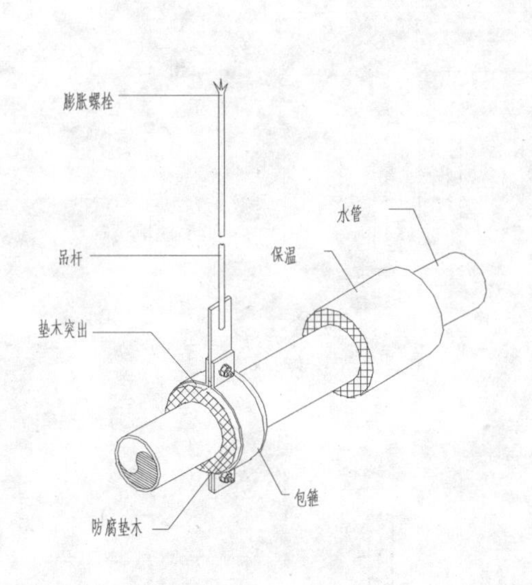

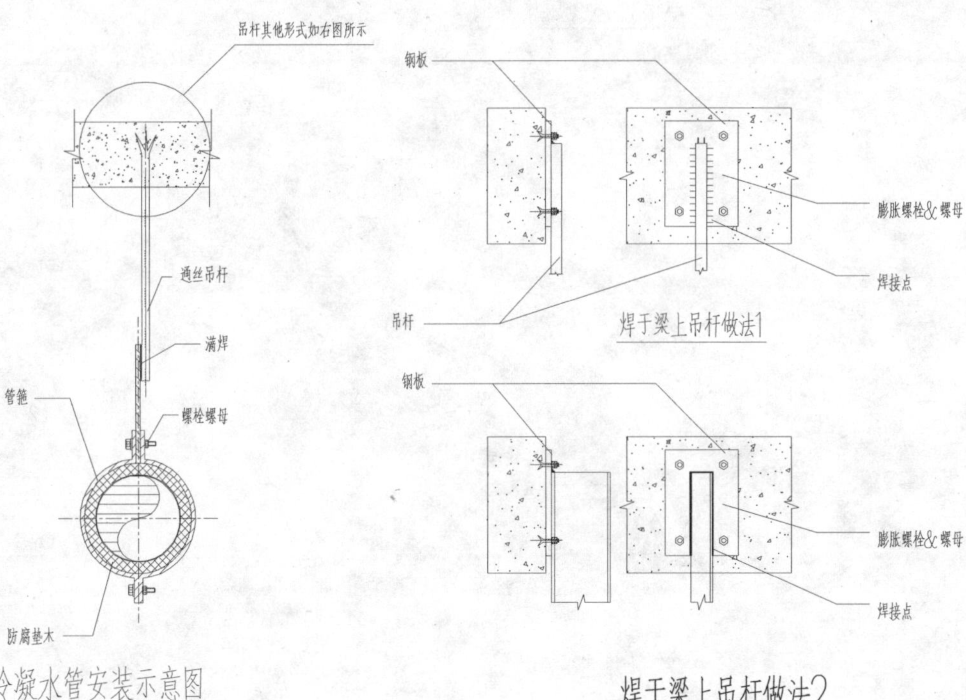

冷凝水管安装示意图
2-2-001.004

焊于梁上吊杆做法2

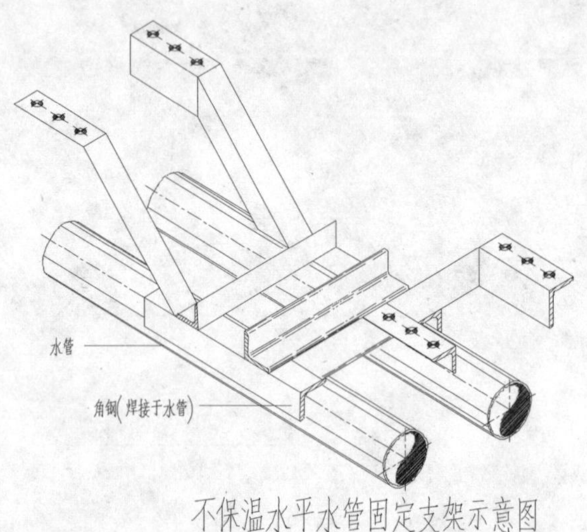

不保温水平水管固定支架示意图

2-2-001.005

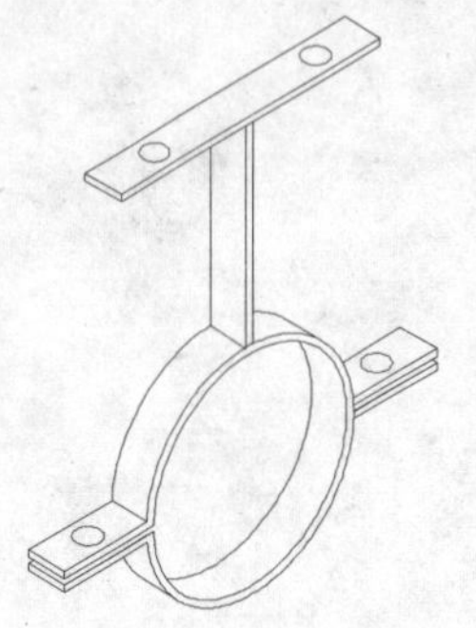

第一类

- 只用于直径50mm以下水管
- 角钢及钢片厚度不应少于2mm
- 只用于水管水平安装
- 交、互连接之钢片长度不应超过200mm，若不能符合，应转用第二类吊架结构

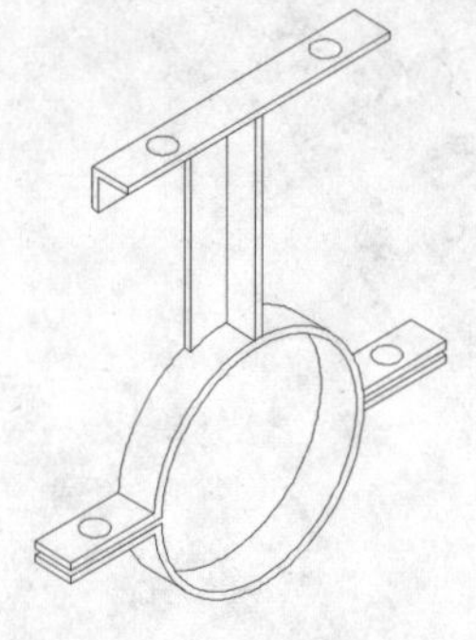

第二类

- 只用于直径50mm或以上水管
- 角钢及钢片厚度不应少于2mm
- 只用于水管水平安装

水管吊架示意图

2-2-001.006

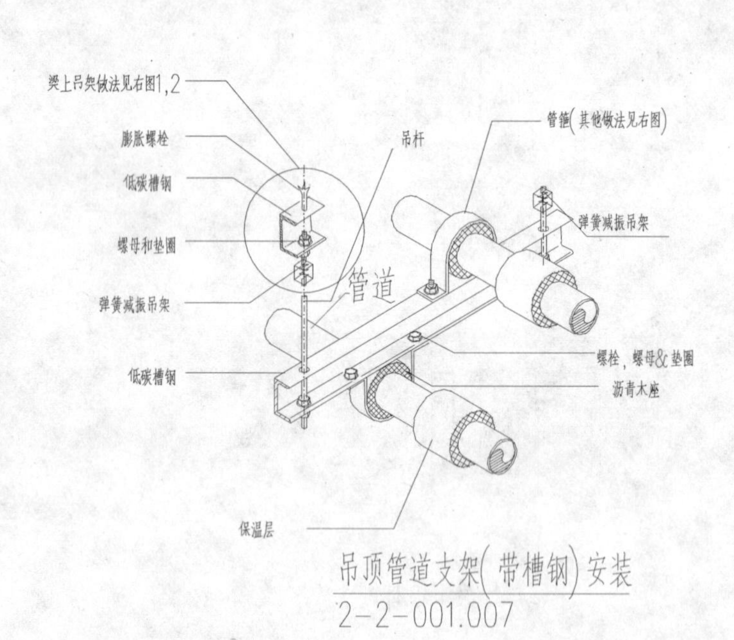

吊顶管道支架(带槽钢)安装

2-2-001.007

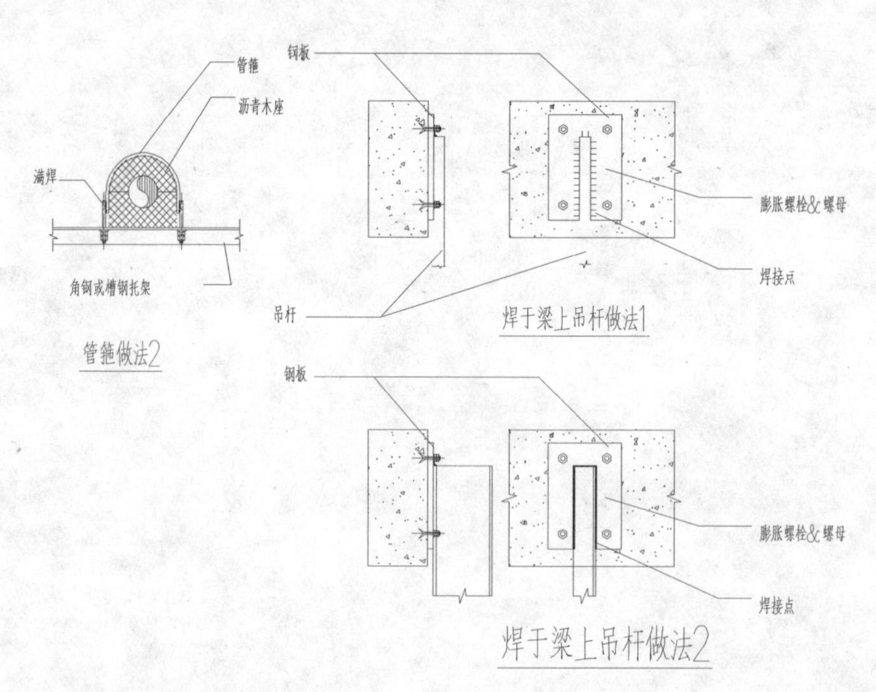

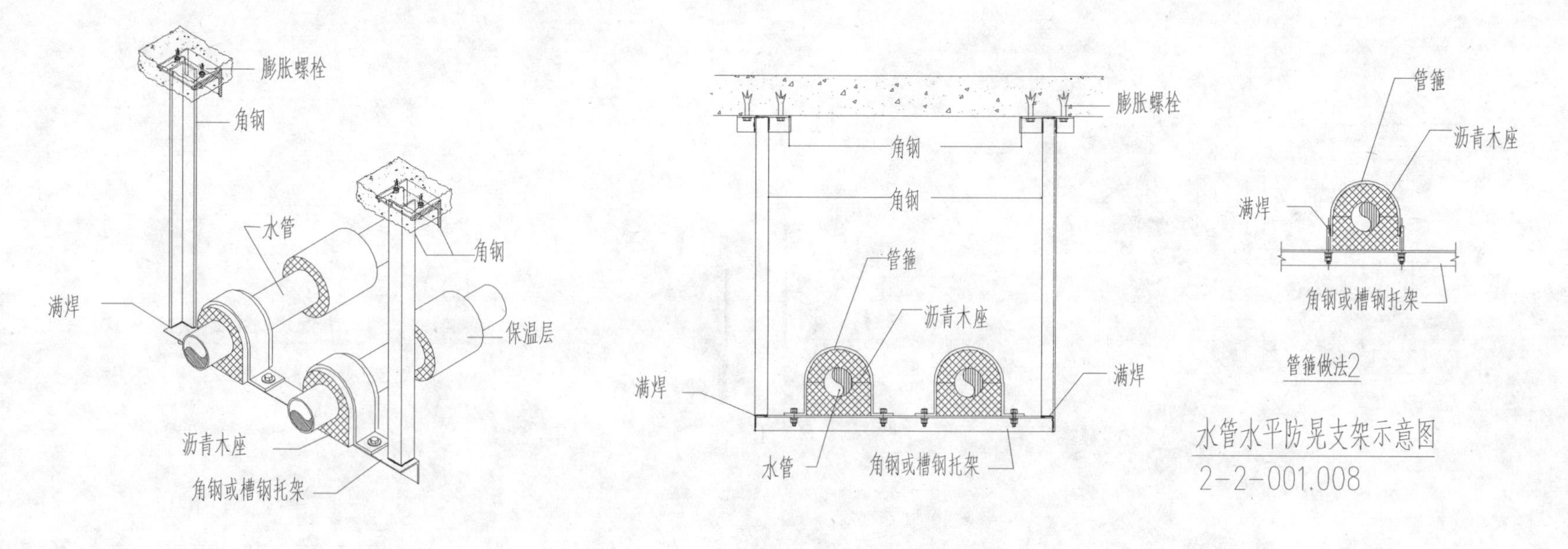

水管水平防晃支架示意图

2-2-001.008

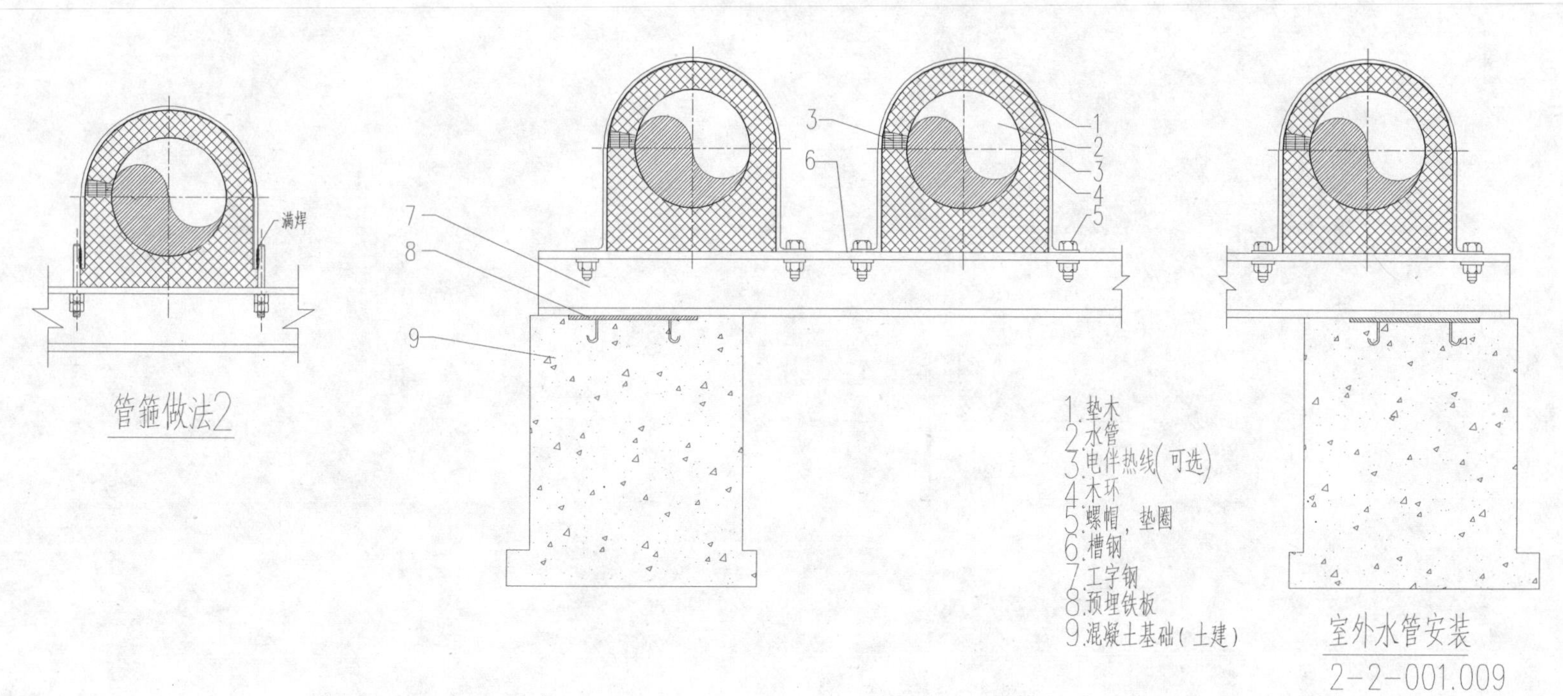

室外水管安装

2-2-001.009

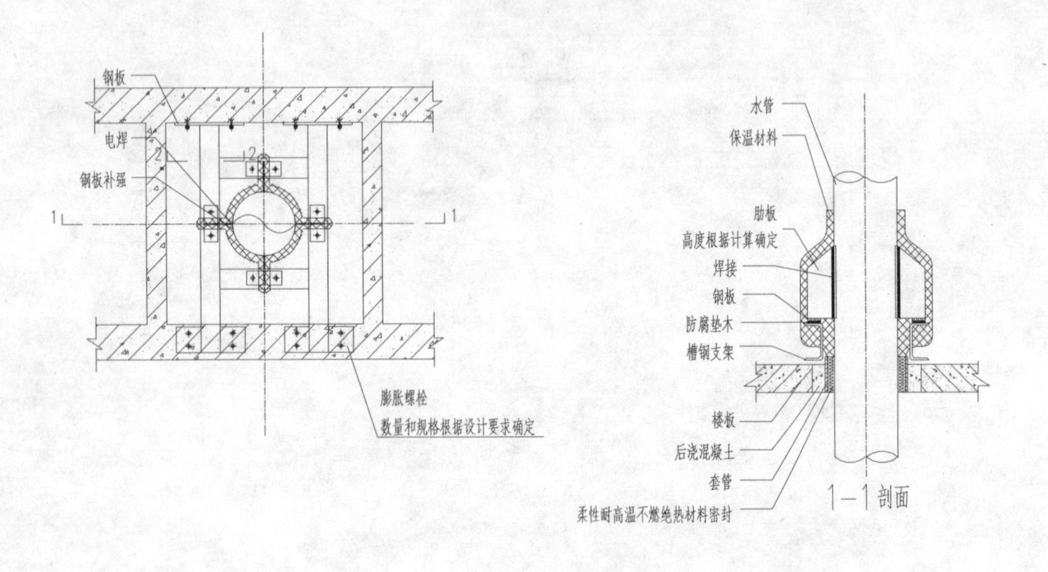

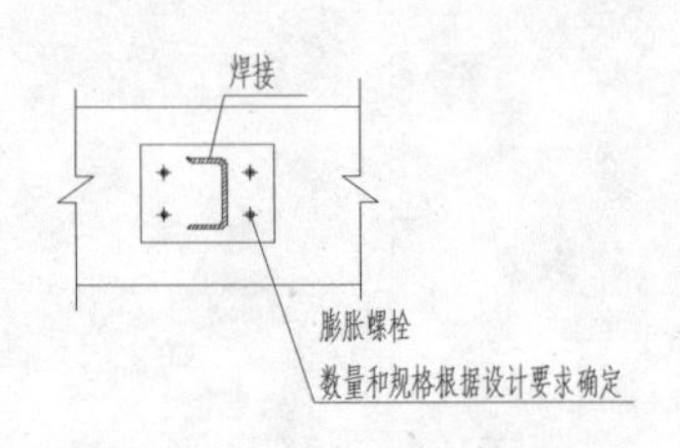

垂直水管固定支架安装示意图
2-2-002.001

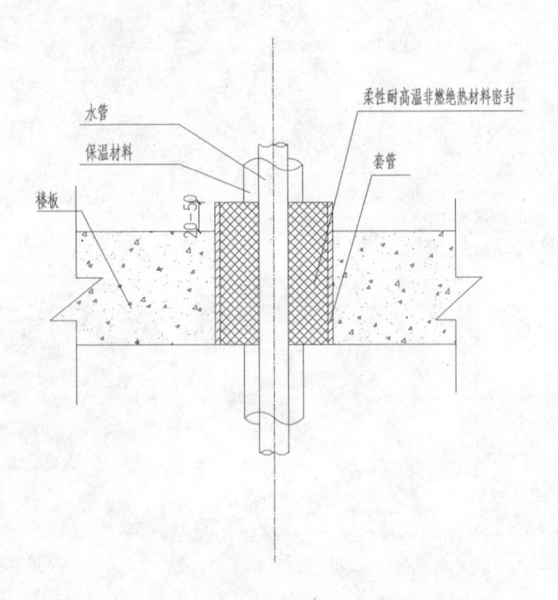

保温水管穿越楼板示意图
2-2-002.002

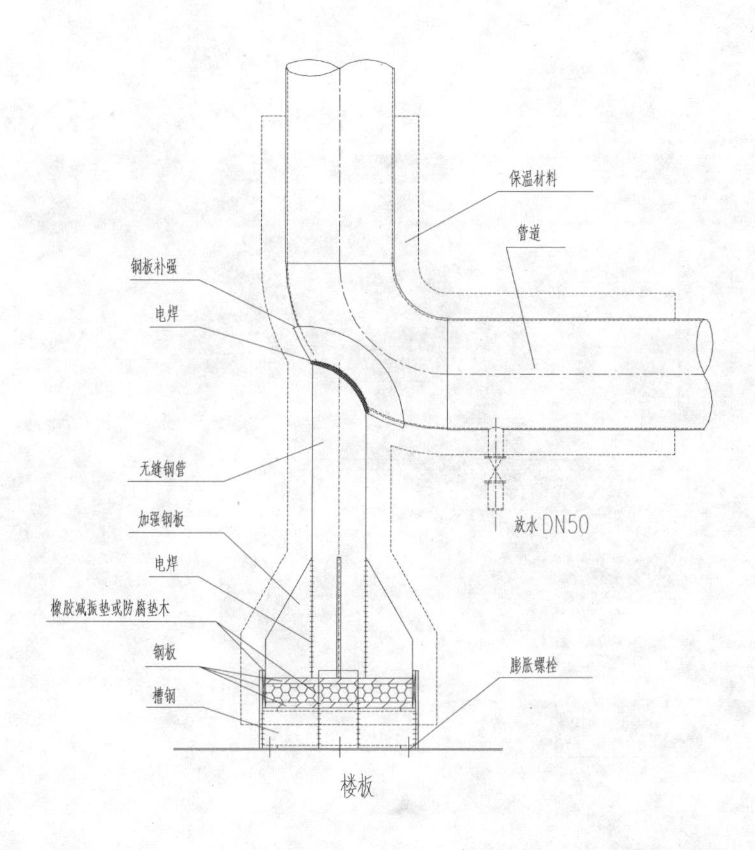

水管弯头落地安装详图(1)

2-2-003.001

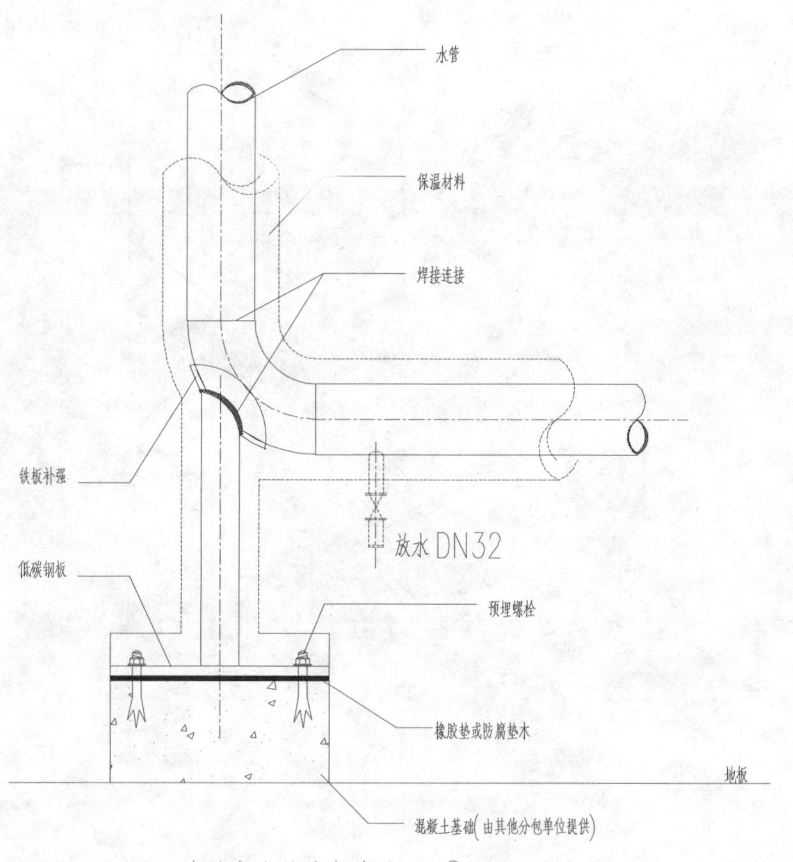

水管弯头落地安装详图(2)

2-2-003.002

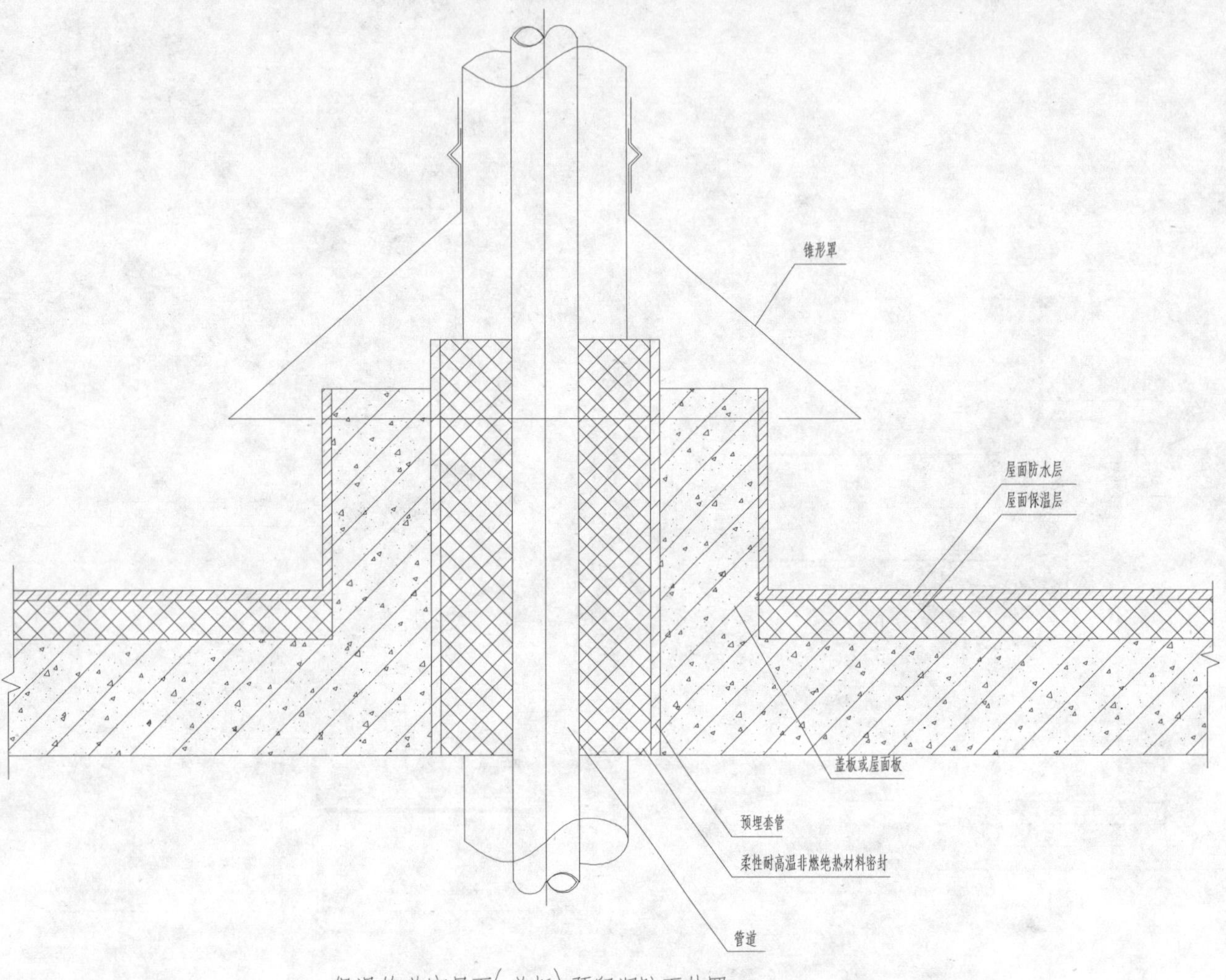

保温管道穿屋面(盖板)预留洞防雨装置

2-2-004.001

说明:

1. 管子穿盖板或屋面处的洞,应在设计时向土建专业提出,在施工时预留.
2. 若管子热膨胀是向下伸长时,则锥形罩与盖板或屋面之间的间隙应加上管子的热膨胀量.
3. 锥形罩和罩板内外表面均应刷防锈漆两遍,调合漆两遍.

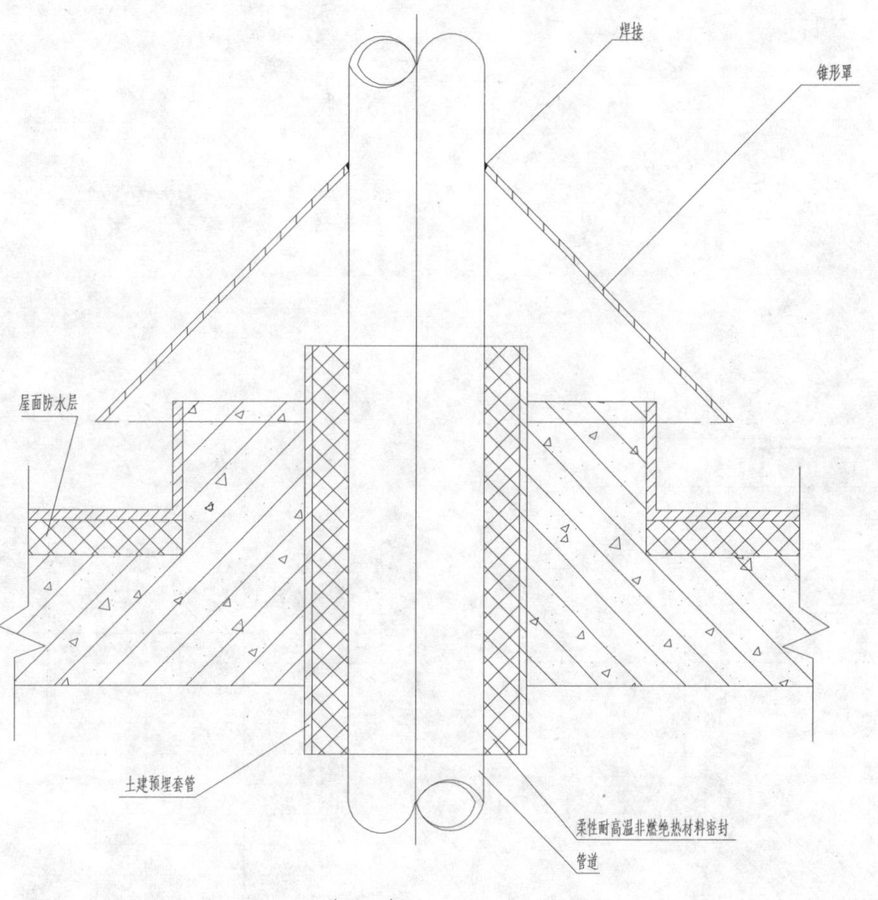

不保温管道穿屋面(盖板)预留洞防雨装置
2-2-004.002

说明:

1. 管子外径在小于等于150mm时可采用预埋套管,大于150mm时应采用预留洞。
   套管或预留洞应在设计时向土建专业提出,在施工时预埋或预留。
2. 锥形罩可根据管子外径现场配制。
3. 若管子热膨胀是向下伸长时,则锥形罩与盖板或屋面之间的间隙应加上管子的热膨胀量。
4. 锥形罩和罩板内外表面均应刷防锈漆两遍,调合漆两遍。

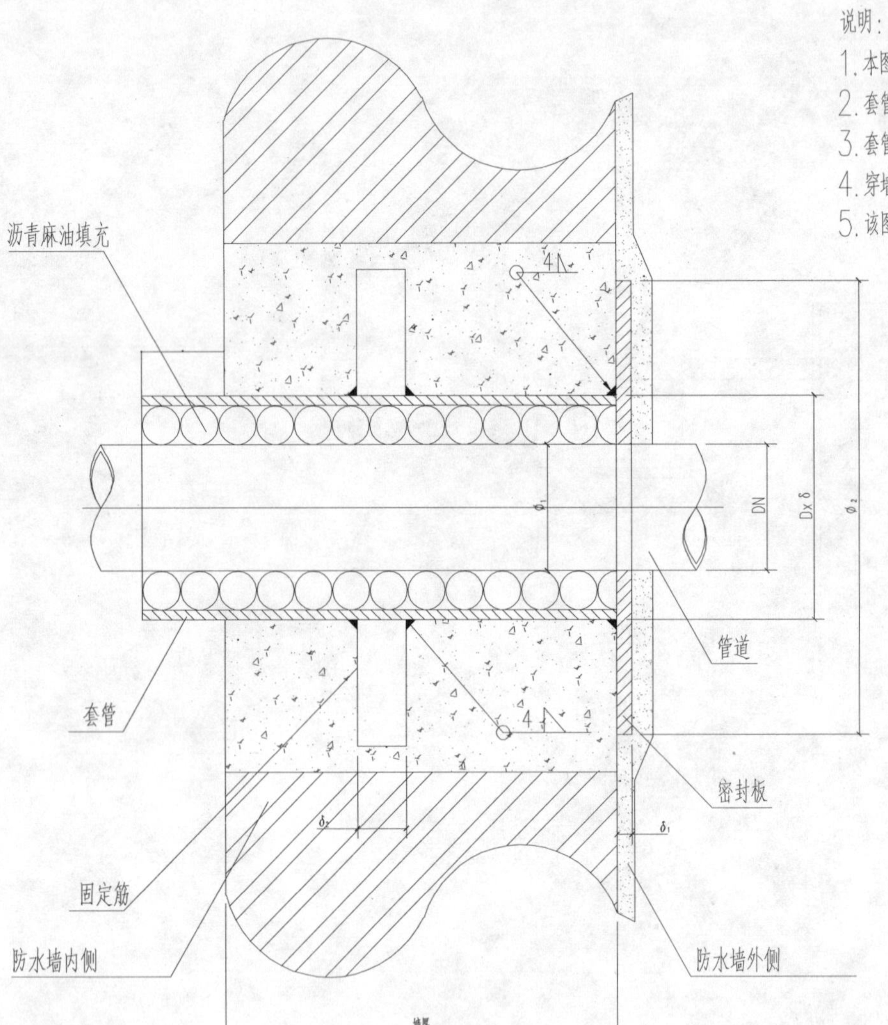

说明：

1. 本图仅适用于介质温度为常温的管道。
2. 套管刷二遍沥青玛琋脂。
3. 套管长度=墙厚+80mm。
4. 穿墙处开方洞尺寸为管径的2倍，且不小于250mm×250mm，防水层做法见土建要求。
5. 该图引自标准图集。

管子公称直径	套管	密封板			固定筋		
DN	D×δ	ϕ_1	ϕ_2	δ_1	B×δ_2	L	数量
mm	mm	mm			mm		根
50	89×4	60	180	3	20×4	50	2
65	108×4	75	195	3	20×4	50	2
80	133×4	92	230	3	20×4	50	2
100	159×4.5	112	255	3	25×4	65	2
125	219×6	136	300	3	25×4	65	2
150	219×6	162	360	4	25×4	65	4
200	273×6	222	425	4	25×4	65	4
250	325×6	276	480	4	30×4	80	4
300	377×7	330	530	4	30×4	80	4
350	426×7	380	580	4	30×4	80	4
400	480×7	430	650	6	30×4	80	4
500	630×8	534	700	6	40×5	80	8
600	720×8	634	800	6	40×5	80	8
700	820×10	724	900	6	40×5	80	8
800	920×10	824	1000	6	40×5	80	8

管道穿防水墙示意图

2-2-005.001

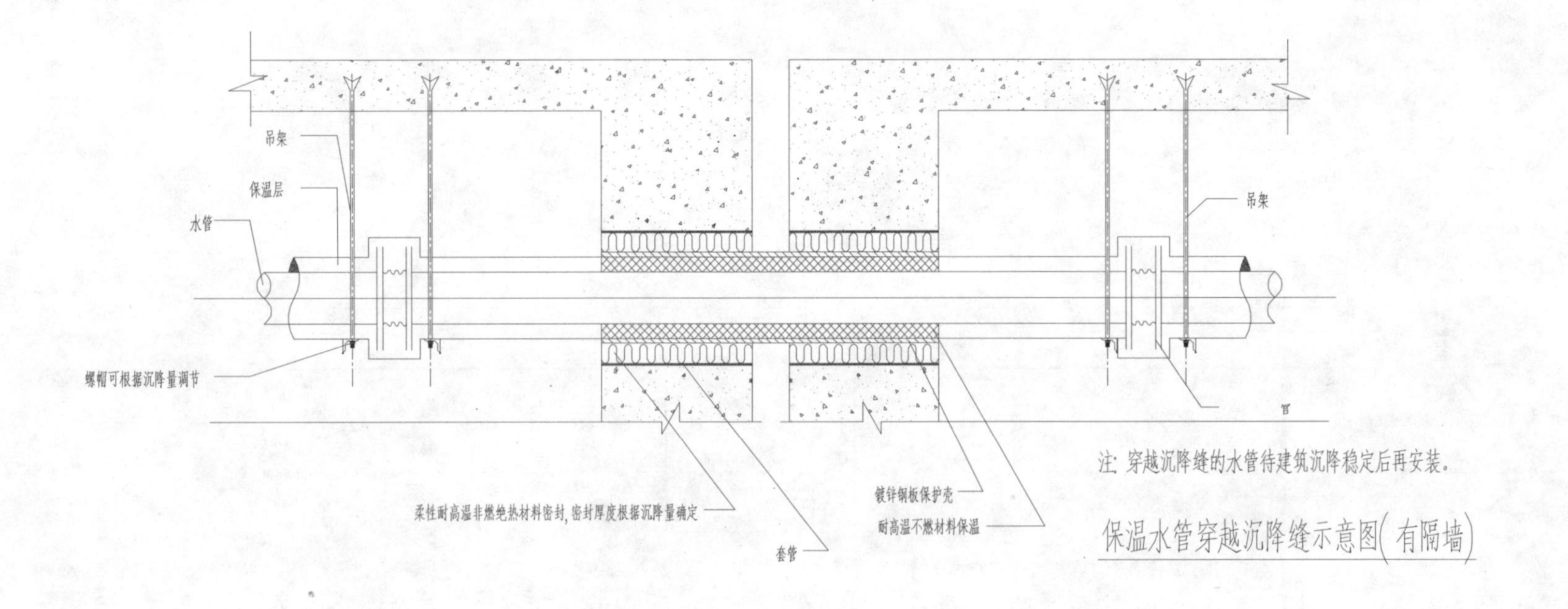

注：穿越沉降缝的水管待建筑沉降稳定后再安装。

保温水管穿越沉降缝示意图（有隔墙）

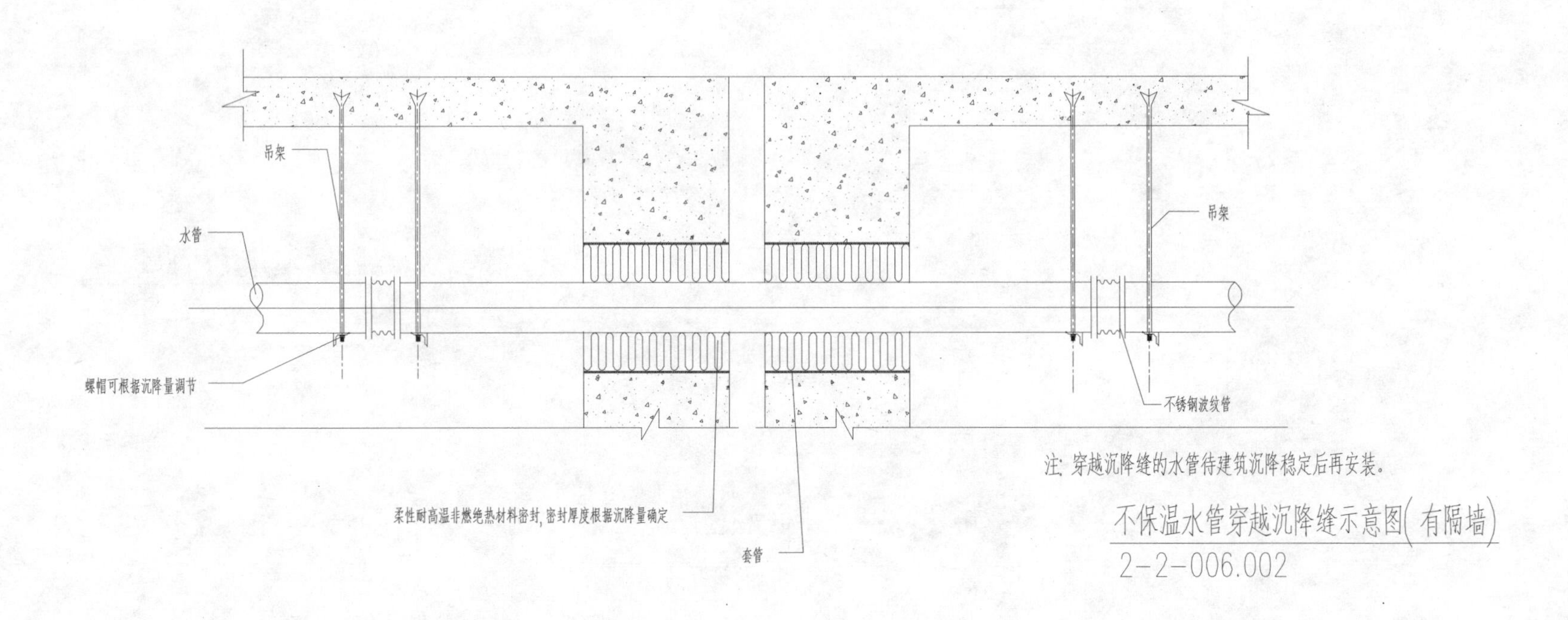

注：穿越沉降缝的水管待建筑沉降稳定后再安装。

不保温水管穿越沉降缝示意图（有隔墙）
2-2-006.002

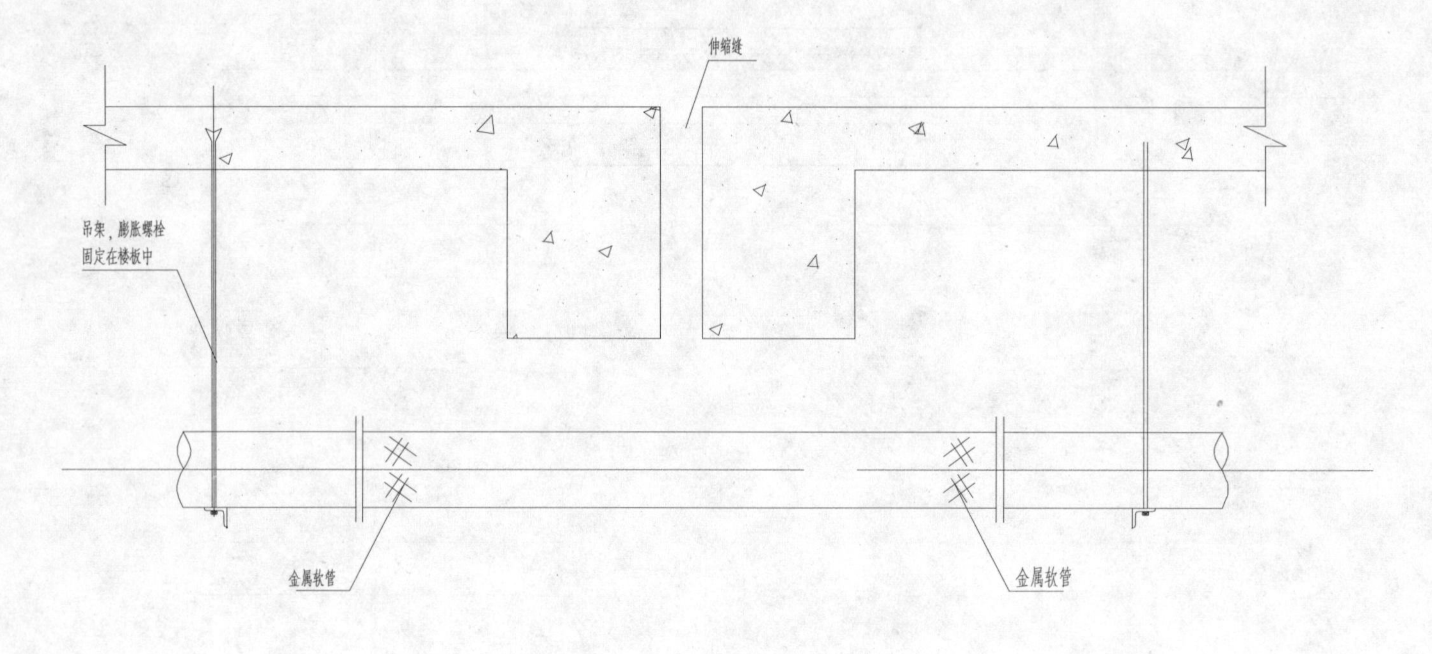

水管穿越伸缩缝示意图(无隔墙)
2-2-006.003

公称压力 PN MPa	试验压力 (t≤100℃) PS MPa	在下列介质温度(℃)下，最大工作压力 MPa							直型连接头
		≤100	150	200	250	300	350	400	
		P10	P15	P20	P25	P30	P35	P40	材料夹筋
6.3	8.0	5.10	4.85	4.47	4.10	3.72	3.15	—	20
		6.24	5.8	5.48	5.17	4.91	4.66	4.54	10Cr18Ni10Ti

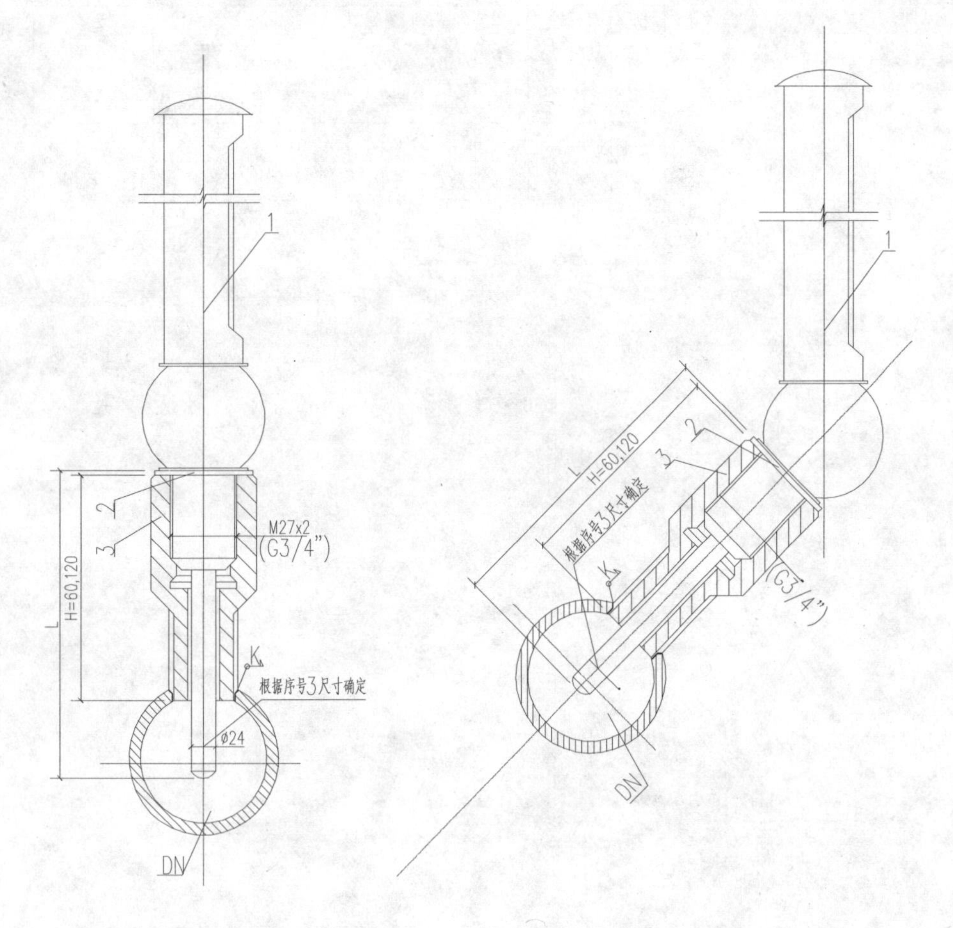

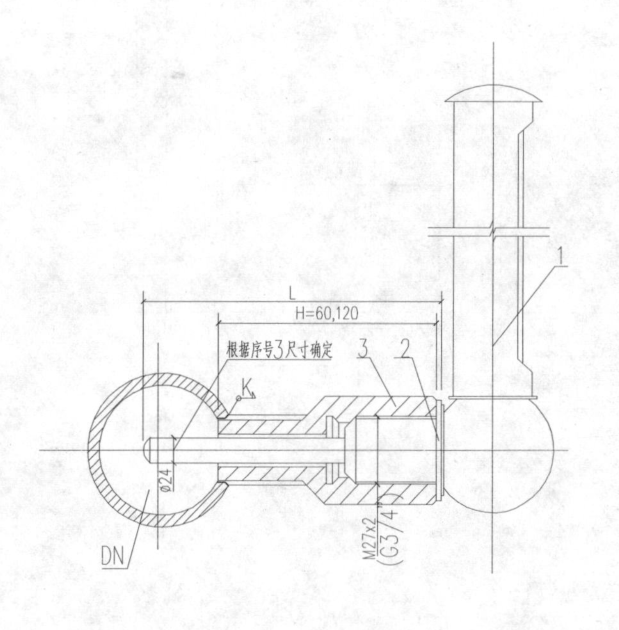

直角型温度计安装图
2-2-007.001

135°角型温度计安装图
2-2-007.002

90°角型温度计安装图
2-2-007.003

注：
1. H=120mm用于带保温层的管道或设备。
2. 焊角高度K不小于两相焊件的最小壁厚。
3. 材料：用于无腐蚀场合直形连接头：20号钢；垫片：根据介质、温度选择参见总说明表一。
   用于有腐蚀的场合直形连接头：0Cr18Ni10Ti；垫片：根据介质、温度选择参见总说明表一。
4. 该图引自标准图集。

明细表

序号	名称	规格、型号	数量	备注
1	内标式玻璃液体温度计		1	
2	垫片	Ø43/28 δ=2	1	
3	直型连接头	M27x2(G3/4")	1	

公称压力 PN MPa	试验压力 (t≤100℃) PS MPa	在下列介质温度(℃)下，最大工作压力 MPa							直型连接头
		≤100	150	200	250	300	350	400	
		P10	P15	P20	P25	P30	P35	P40	材料夹筋
6.3	8.0	5.10	4.85	4.47	4.10	3.72	3.15	—	20
		6.24	5.8	5.48	5.17	4.91	4.66	4.54	10Cr18Ni10Ti

L
H=60,120
根据序号3尺寸确定
M27x2 (G3/4")

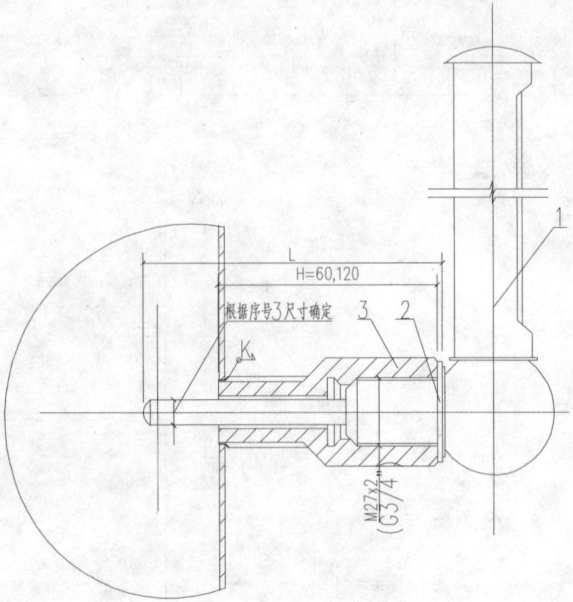

90°角型温度计安装图
2-2-007.004

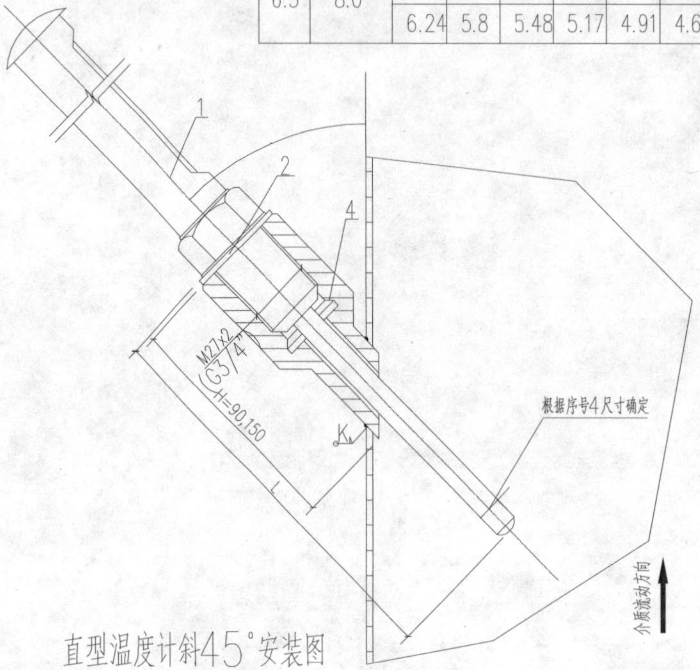

M27x2 (G3/4")
H=90,150
根据序号4尺寸确定
介质流动方向

直型温度计斜45°安装图
2-2-007.005

注:
1.H=120mm、150mm 用于带保温层的管道或设备.
2.焊角高度K不小于两相焊件的最小壁厚.
3.材料: 用于无腐蚀场合直形连接头: 20号钢; 垫片: 根据介质、温度选择参见总说明表一.
用于有腐蚀的场合直形连接头: 0Cr18Ni10Ti; 垫片: 根据介质、温度选择参见总说明表一.
4.该图引自标准图集.

明细表

序号	名称	规格、型号	数量	备注
1	内标式玻璃液体温度计		1	
2	垫片	Ø43/28 δ=2	1	
3	直型连接头	M27x2(G3/4")	1	
4	45°角连接头	M27x2(G3/4")	1	

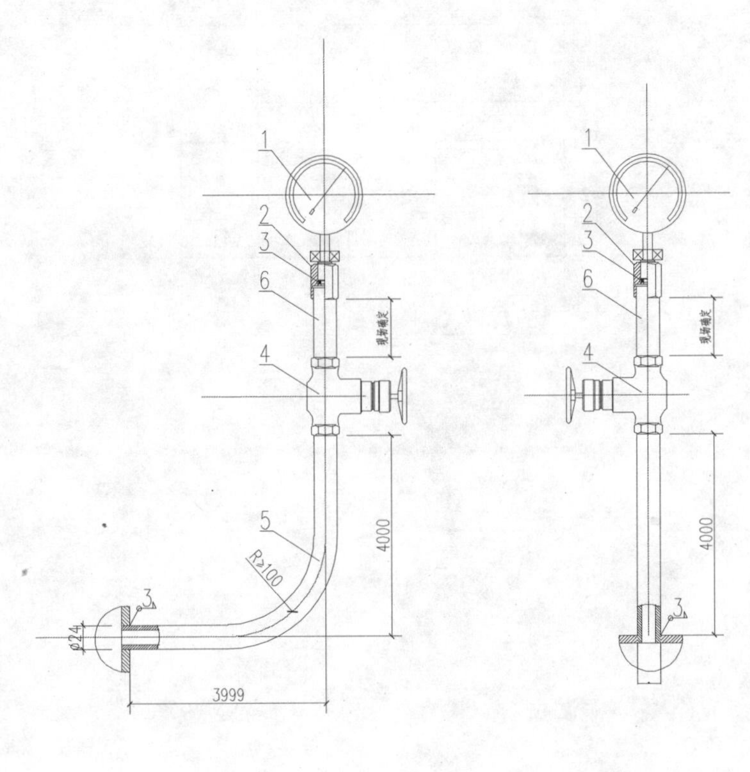

序号	名称	规格、型号	数量	备注
1	弹簧压力表		1	
2	压力表接头(一)	M20x1.5(G1/2")	1	
3	垫片	Ø22/8,δ=2.5	3	
4	内螺纹截止阀	DN15, PN1.6MPa	1	J11T-16
5	焊接钢管	DN15	1	
6	焊接钢管	DN15	1	

注：
1. 图中表示根部为焊接安装方式，亦可采用法兰接管安装方式，设计中根据实际情况选择。
2. 当用于腐蚀介质场合时，除垫片材料外，其余部件材质为耐酸钢，序号5,6选用流体输送用不锈钢焊接接管(GB/T12771)，序号1选用膜片压力表或耐酸压力表，垫片的选择原则见总说明表2。
3. 当用于无腐蚀场合时，除垫片材料外，其余材质可为碳钢，序号5、6选用低压流体输送用镀锌焊接钢管(GB/T3091)。
4. 序号6可根据现场情况确定，其最小长度为100mm。
5. 该图引自标准图集。

压力表安装图 (PN=1.6MPa, t≤60°C)

2-2-008.001

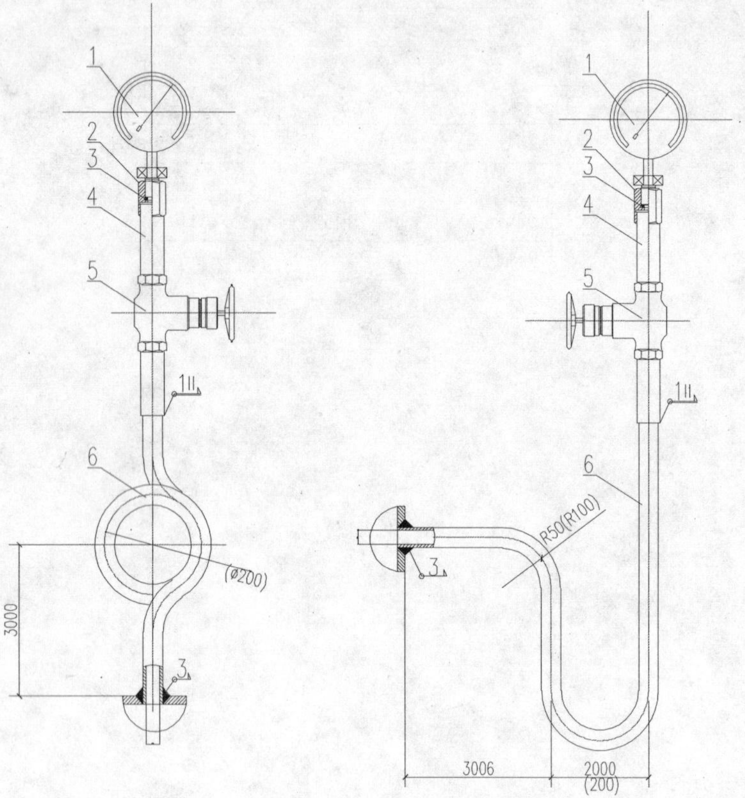

明细表

序号	名称	规格、型号	数量	备注
1	弹簧压力表		1	
2	压力表接头(一)	M22x1.5(G1/2")	1	
3	垫片	Ø22/8, δ=2.5	3	
4	焊接钢管	DN15, L=100	2	
5	内螺纹截止阀	DN15, PN1.6MPa	1	J11T-16
6	冷凝弯(顶部取压)	Ø14x2,L=650	1	
	冷凝弯(侧面取压)	Ø14x2,L=535	1	

带冷凝管压力表安装图 (PN=1.6MPa, t≤200℃)

2-2-008.002

注:
1. 图中表示根部为焊接安装方式,亦可采用法兰接管安装方式,设计中根据实际情况选择.
2. 当用于腐蚀介质场合时,除垫片材料外,其余部件材质为耐酸钢,序号4选用流体输送用不锈钢焊接接管(GB/T12771),序号6选用膜片压力表或耐酸压力表,垫片的选择原则见总说明表2.
3. 当用于无腐蚀场合时,除垫片材料外,其余材质可为碳钢,序号5、6选用低压流体输送用镀锌焊接钢管(GB/T3091).
4. 括号内数据用于低压流体输送用镀锌焊接钢管.
5. 序号4可根据现场情况确定,其最小长度为100mm.
6. 该图引自标准图集.

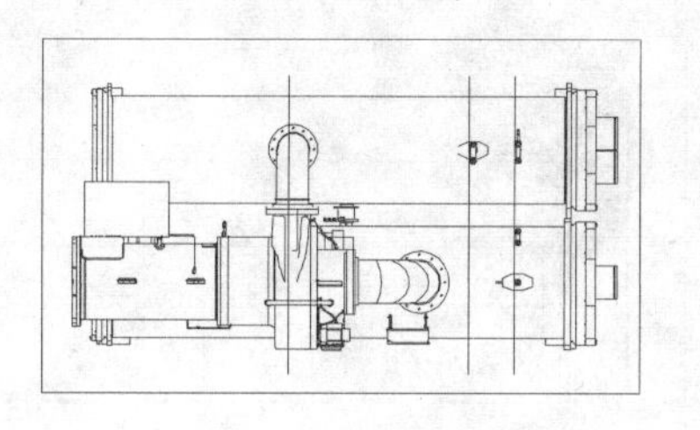

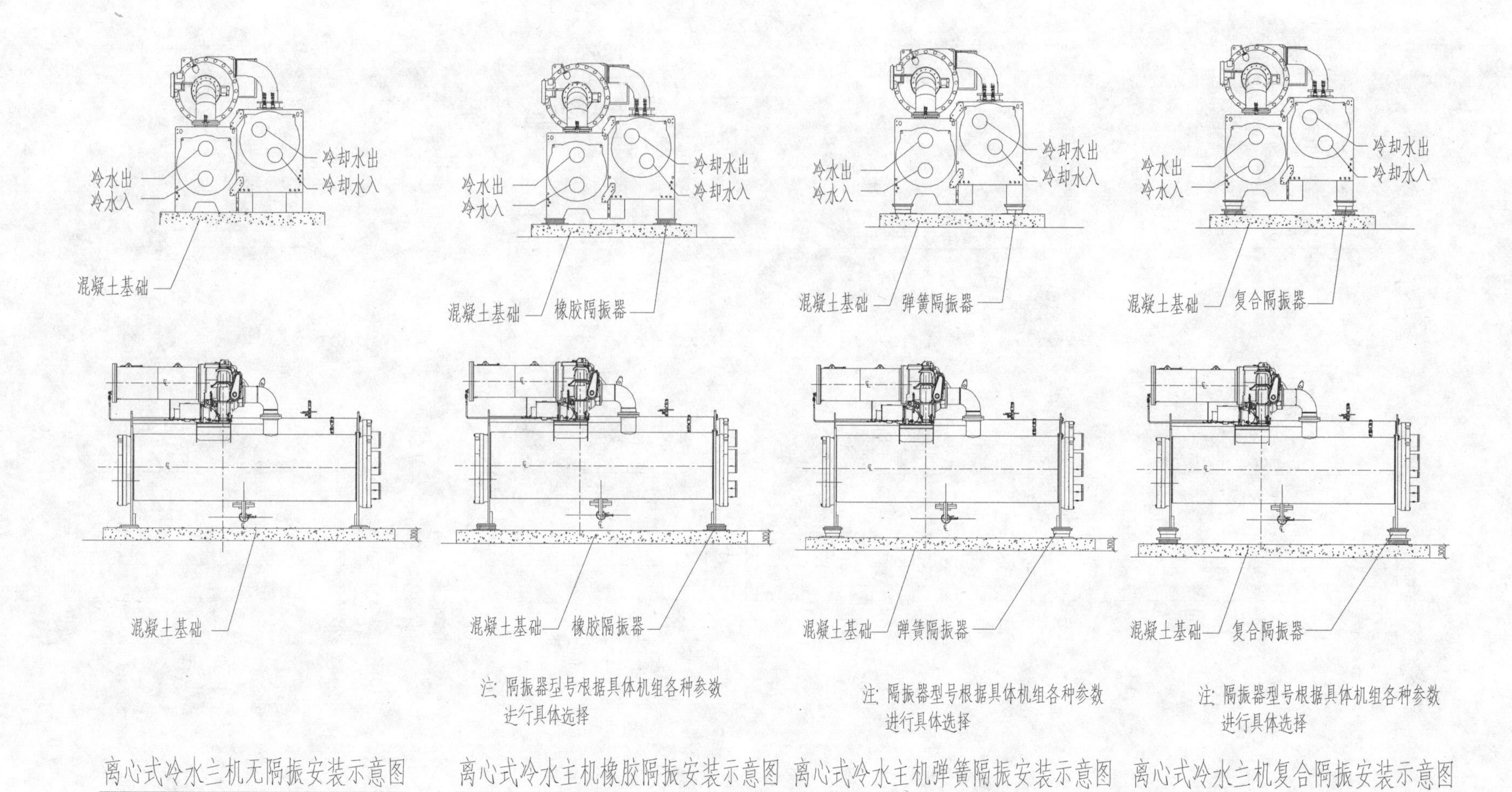

注：隔振器型号根据具体机组各种参数进行具体选择

注：隔振器型号根据具体机组各种参数进行具体选择

注：隔振器型号根据具体机组各种参数进行具体选择

离心式冷水主机无隔振安装示意图
3-1-001.001

离心式冷水主机橡胶隔振安装示意图
3-1-001.002

离心式冷水主机弹簧隔振安装示意图
3-1-001.003

离心式冷水主机复合隔振安装示意图
3-1-001.004

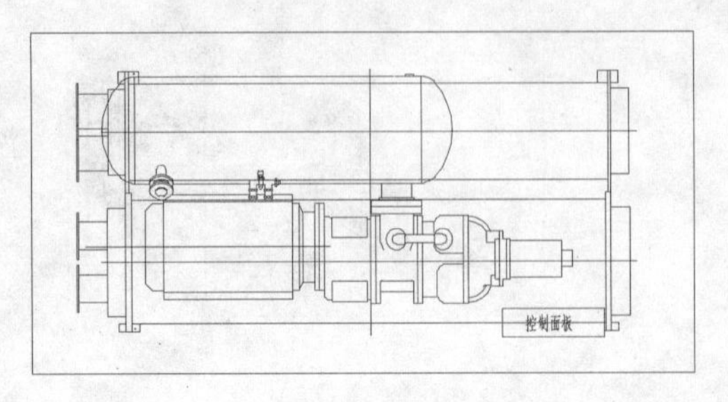

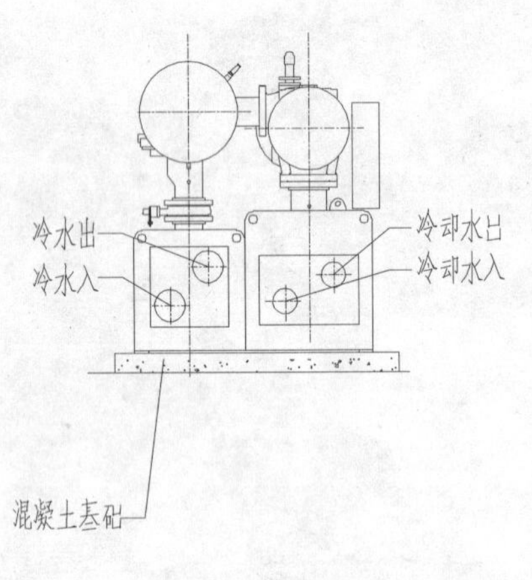

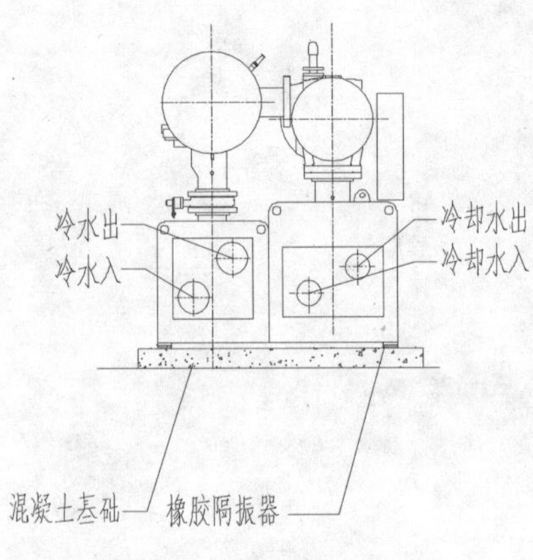

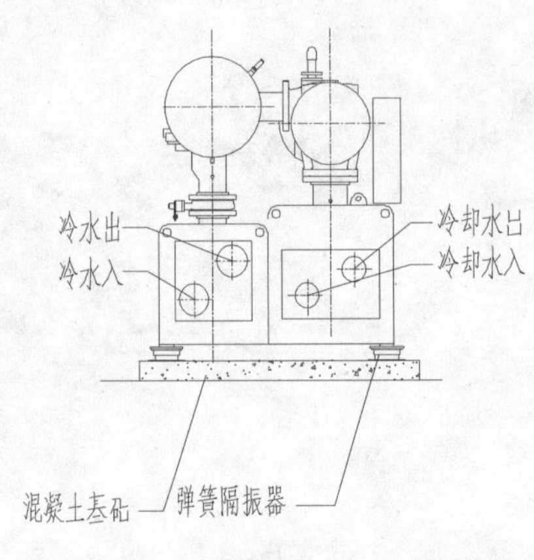

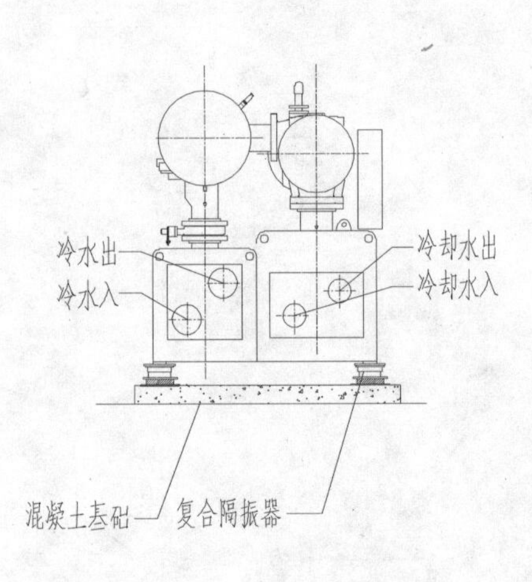

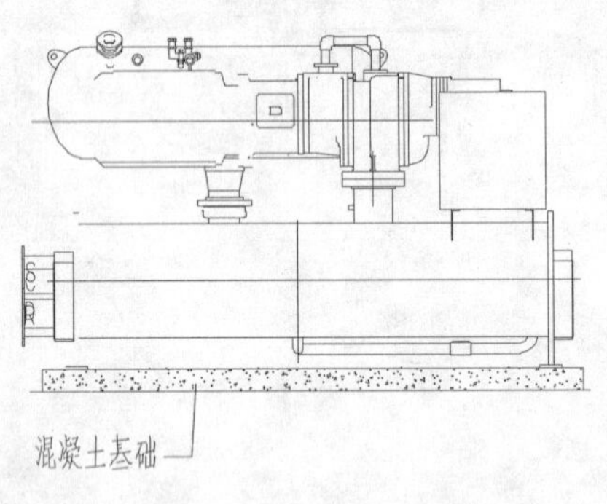

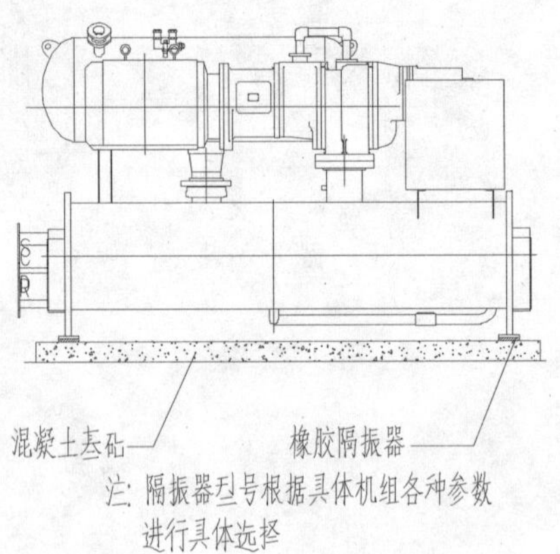

注：隔振器型号根据具体机组各种参数进行具体选择

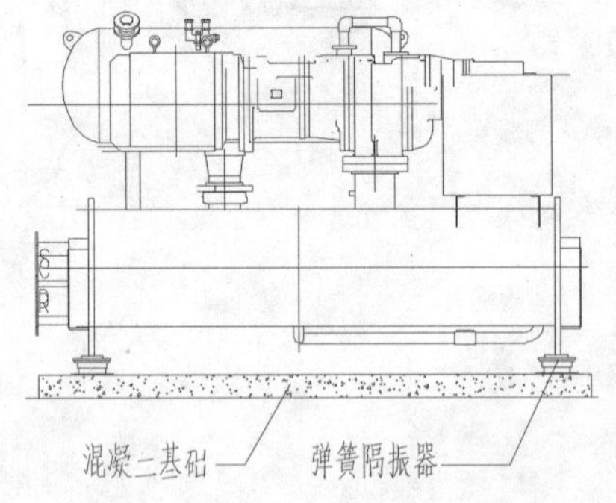

注：隔振器型号根据具体机组各种参数进行具体选择

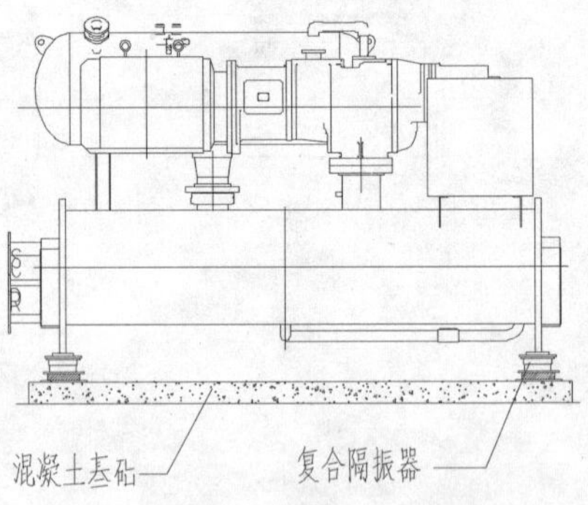

注：隔振器型号根据具体机组各种参数进行具体选择

螺杆式冷水主机无隔振安装示意图
3-1-002.001

螺杆式冷水主机橡胶隔振安装示意图
3-1-002.002

螺杆式冷水主机弹簧隔振安装示意图
3-1-002.003

螺杆式冷水主机复合隔振安装示意图
3-1-002.004

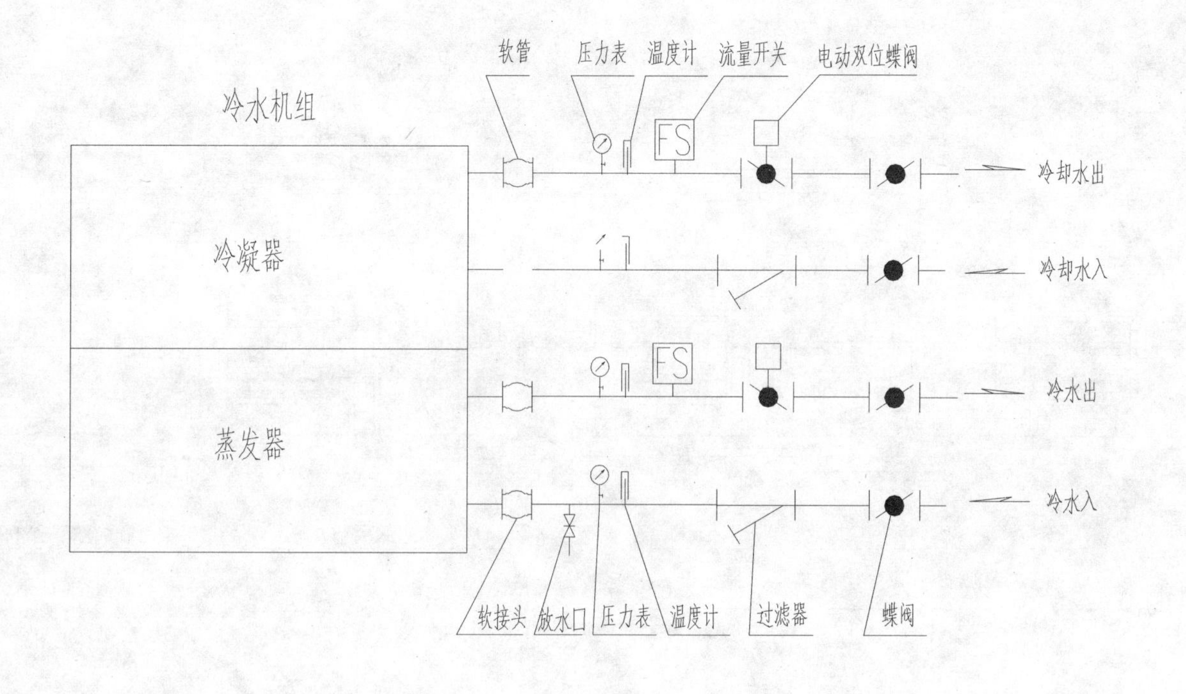

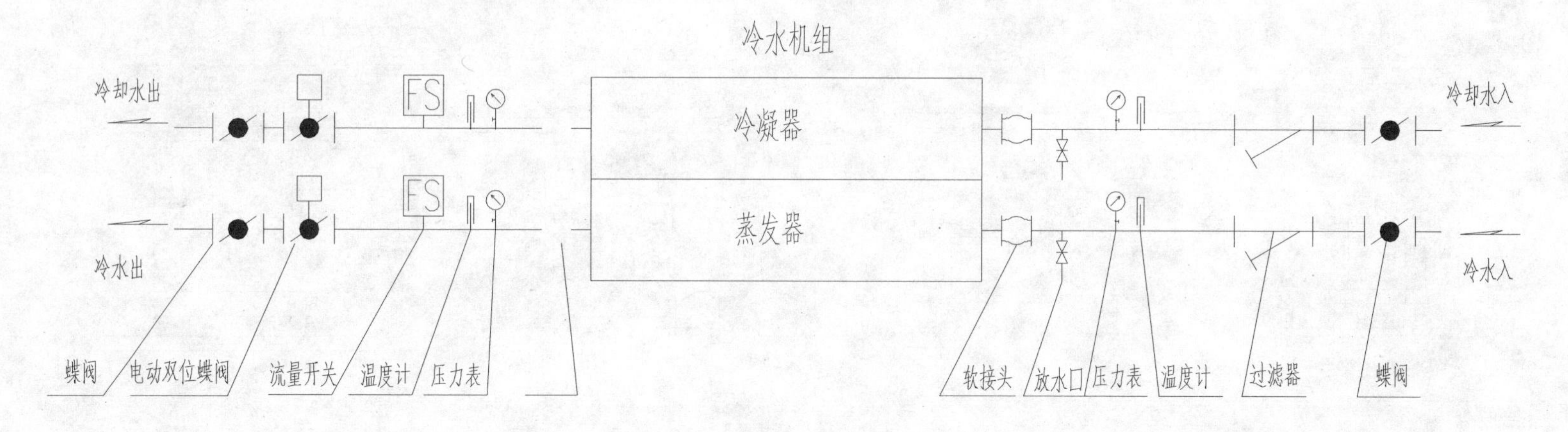

空调主机接管示意
3-1-003.00

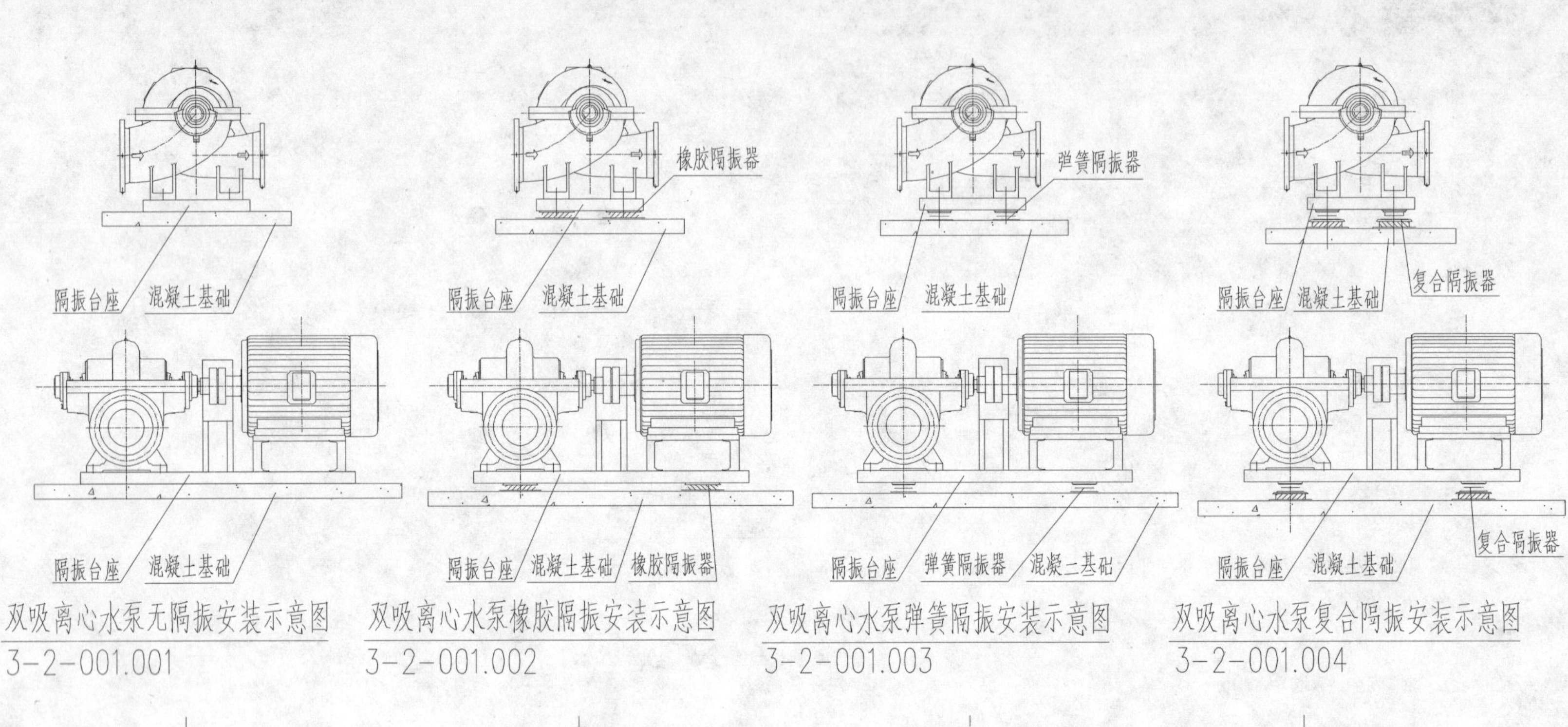

双吸离心水泵无隔振安装示意图
3-2-001.001

双吸离心水泵橡胶隔振安装示意图
3-2-001.002

双吸离心水泵弹簧隔振安装示意图
3-2-001.003

双吸离心水泵复合隔振安装示意图
3-2-001.004

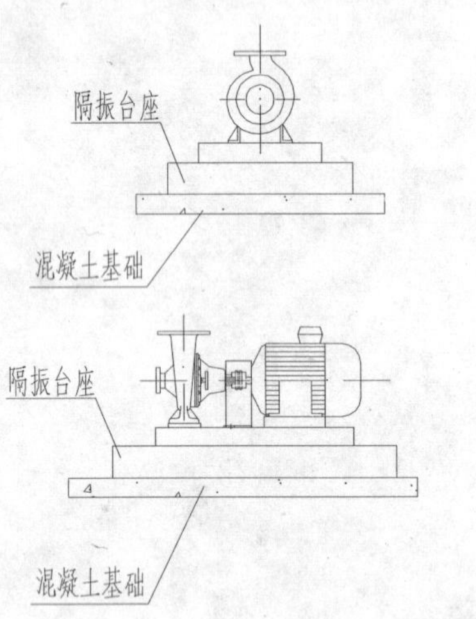

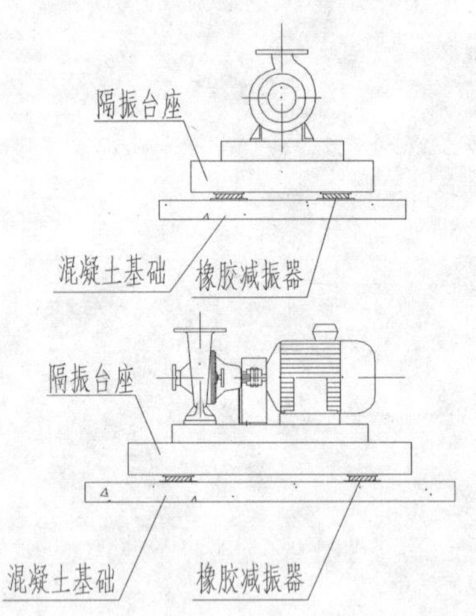

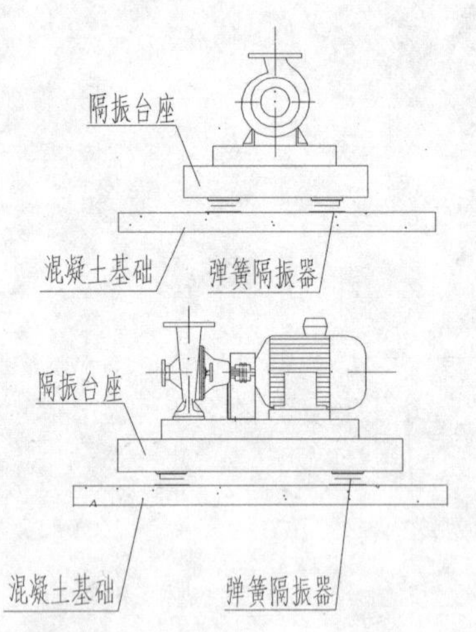

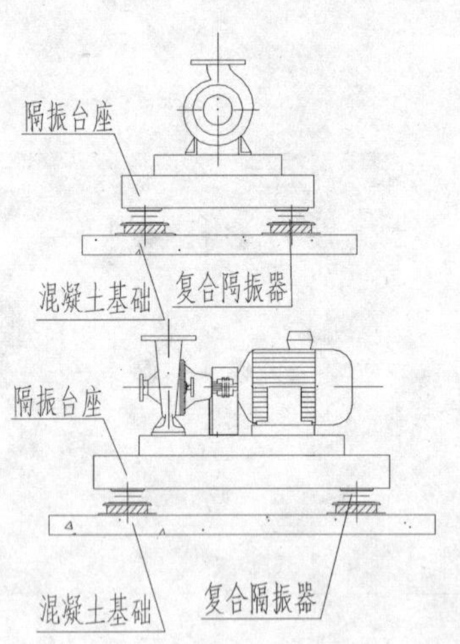

端吸离心水泵无隔振安装示意图
3-2-002.001

端吸离心水泵橡胶隔振安装示意图
3-2-002.002

端吸离心水泵弹簧隔振安装示意图
3-2-002.003

端吸离心水泵复合隔振安装示意图
3-2-002.004

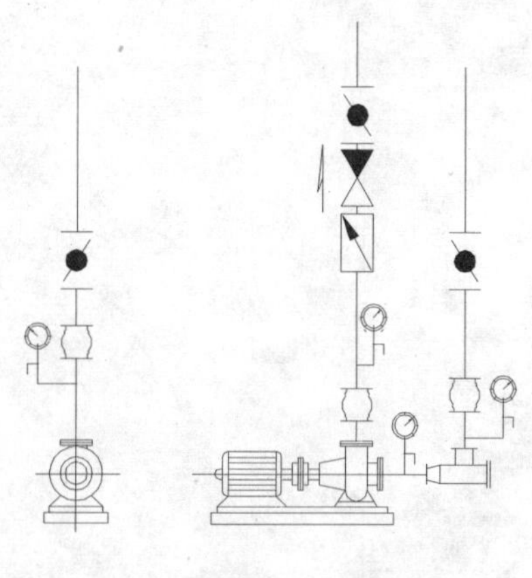

水泵接管示意图(1)
3-2-003.001

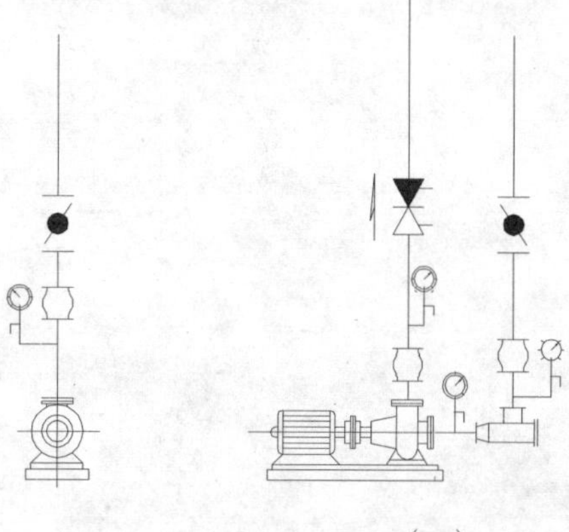

水泵接管示意图(2)
3-2-003.002

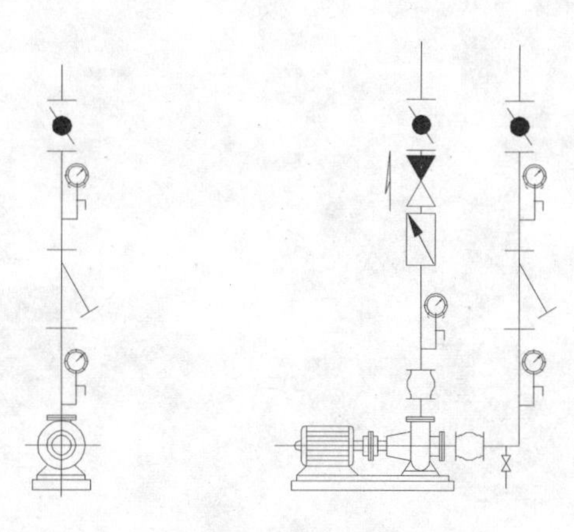

水泵接管示意图(3)
3-2-003.003

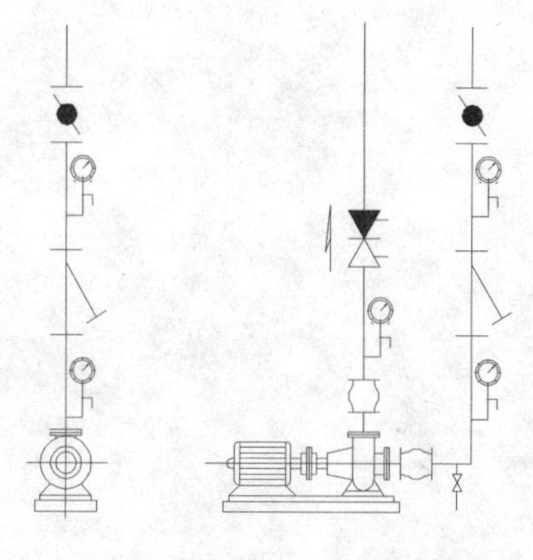

水泵接管示意图(4)
3-2-003.004

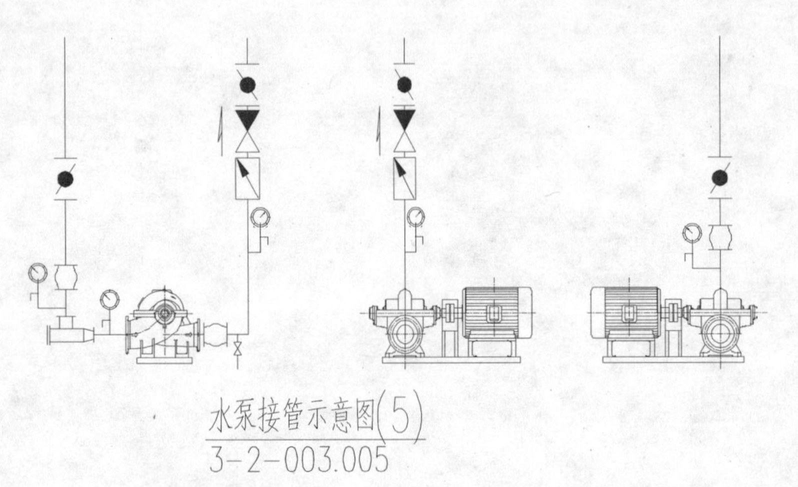

水泵接管示意图(5)
3-2-003.005

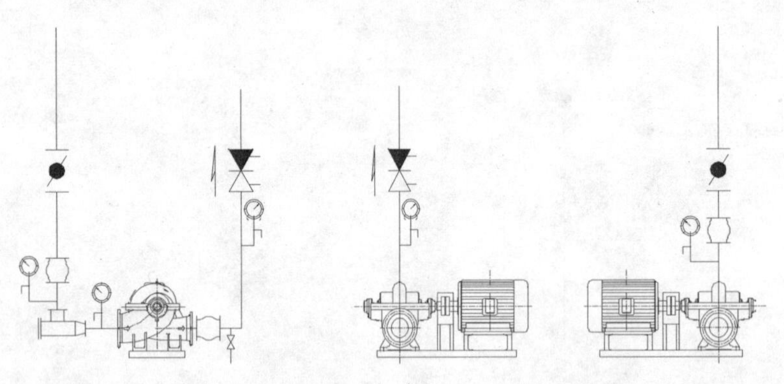

水泵接管示意图(6)
3-2-003.006

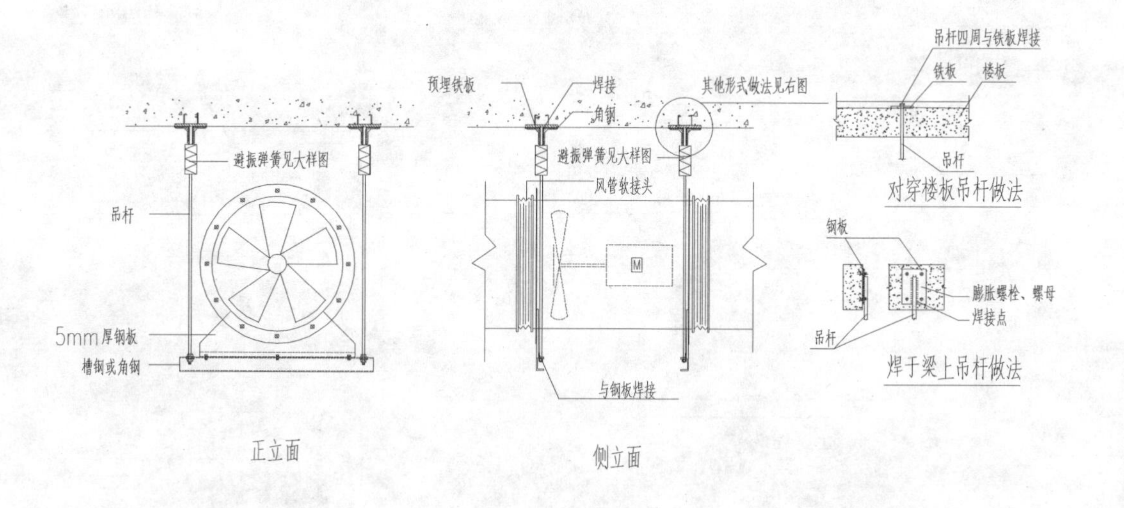

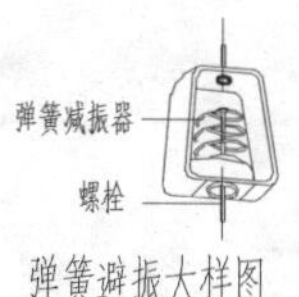

轴流风机吊装示意图
3-3-001.001

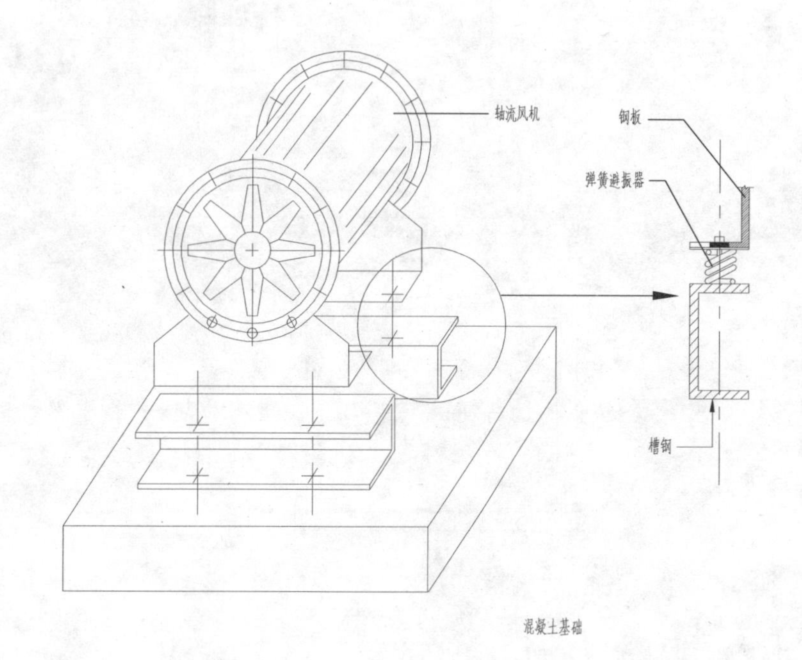

轴流风机落地安装示意图
3-3-002.001

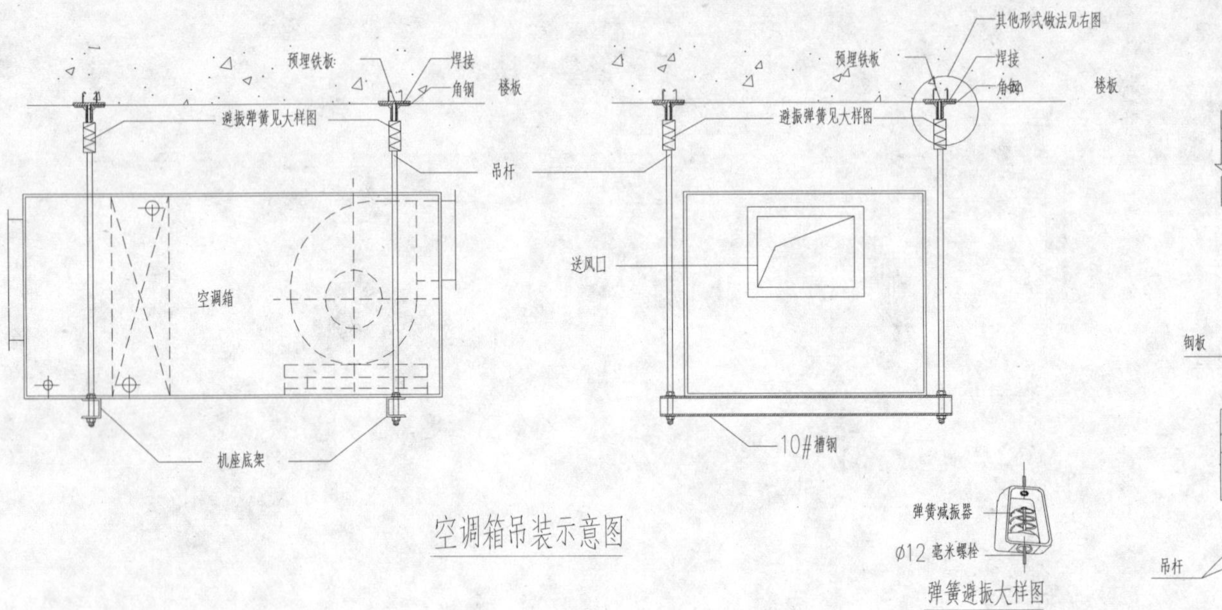

空调箱吊装示意图

弹簧避振大样图

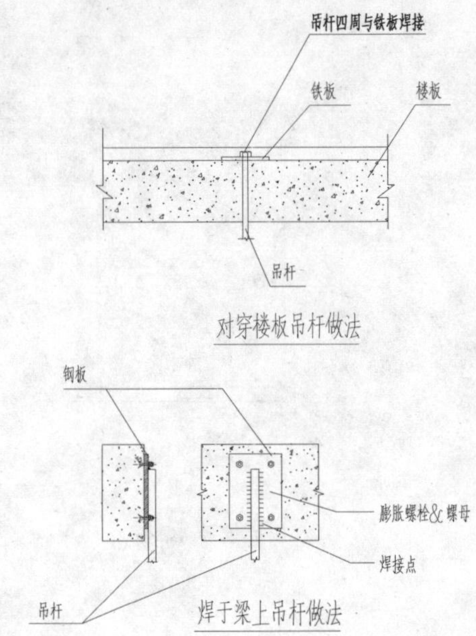

对穿楼板吊杆做法

焊于梁上吊杆做法

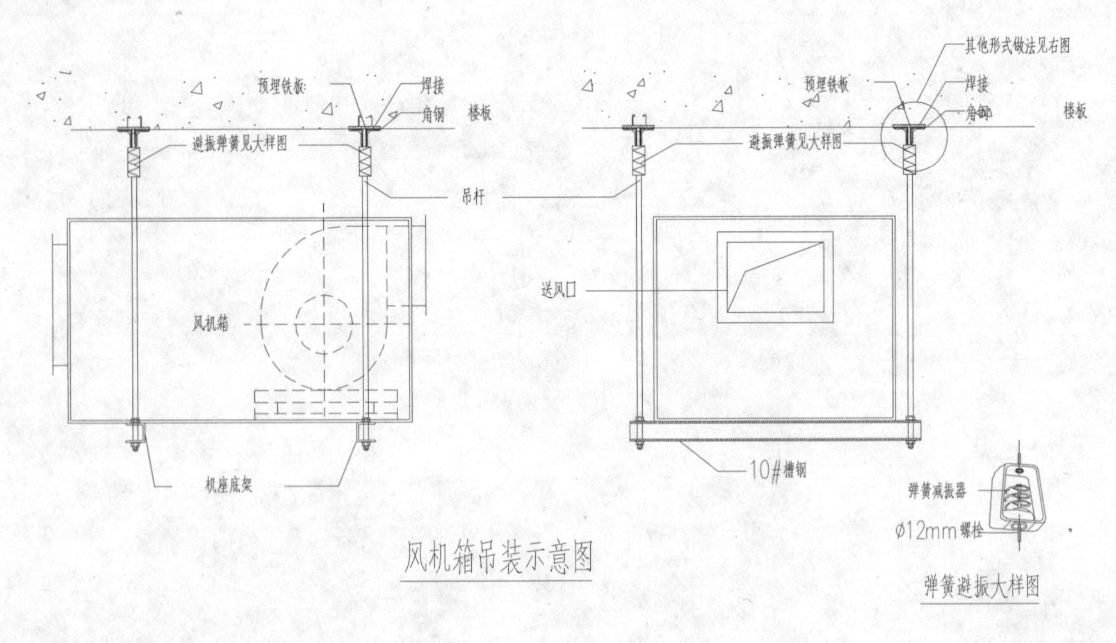

风机箱吊装示意图

弹簧避振大样图

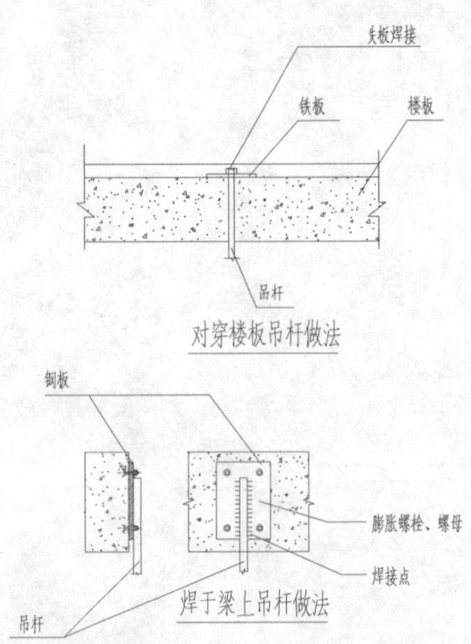

对穿楼板吊杆做法

焊于梁上吊杆做法

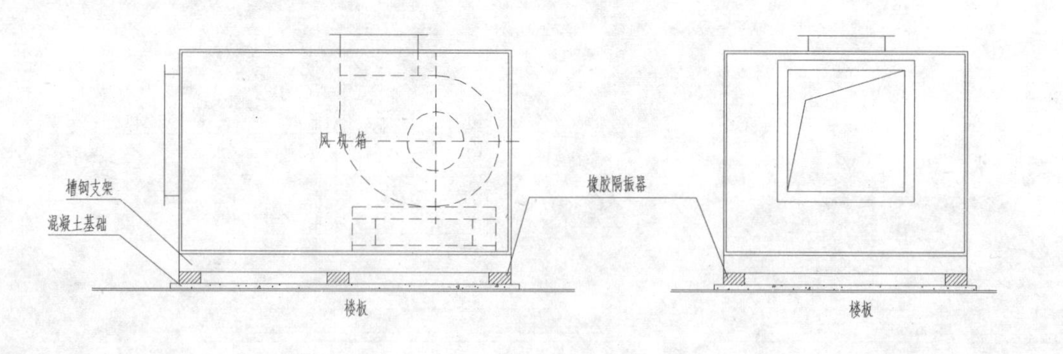

风机箱落地安装示意图
3-3-005.001

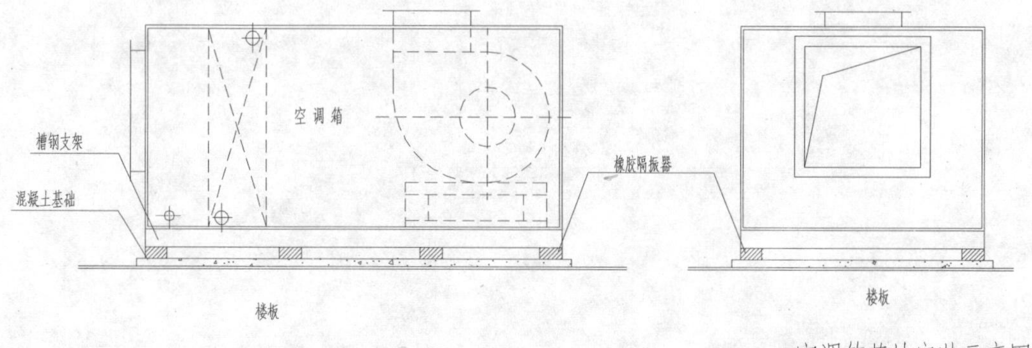

空调箱落地安装示意图
3-3-006.001

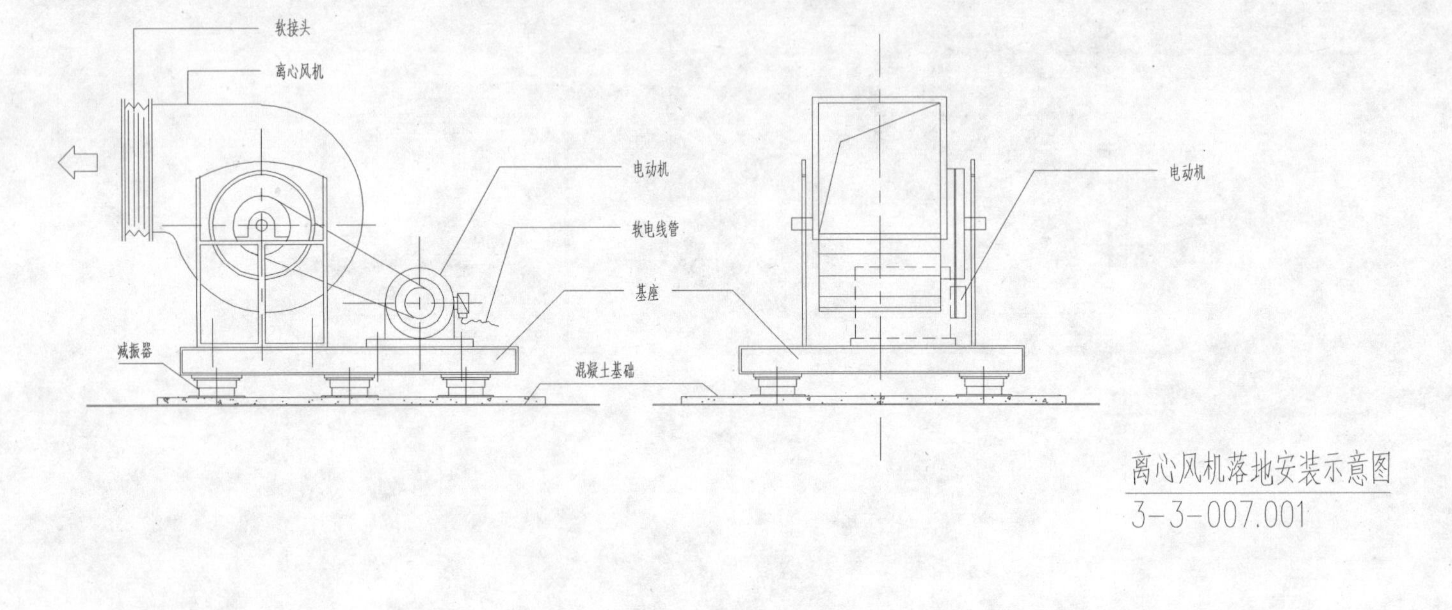

离心风机落地安装示意图
3-3-007.001

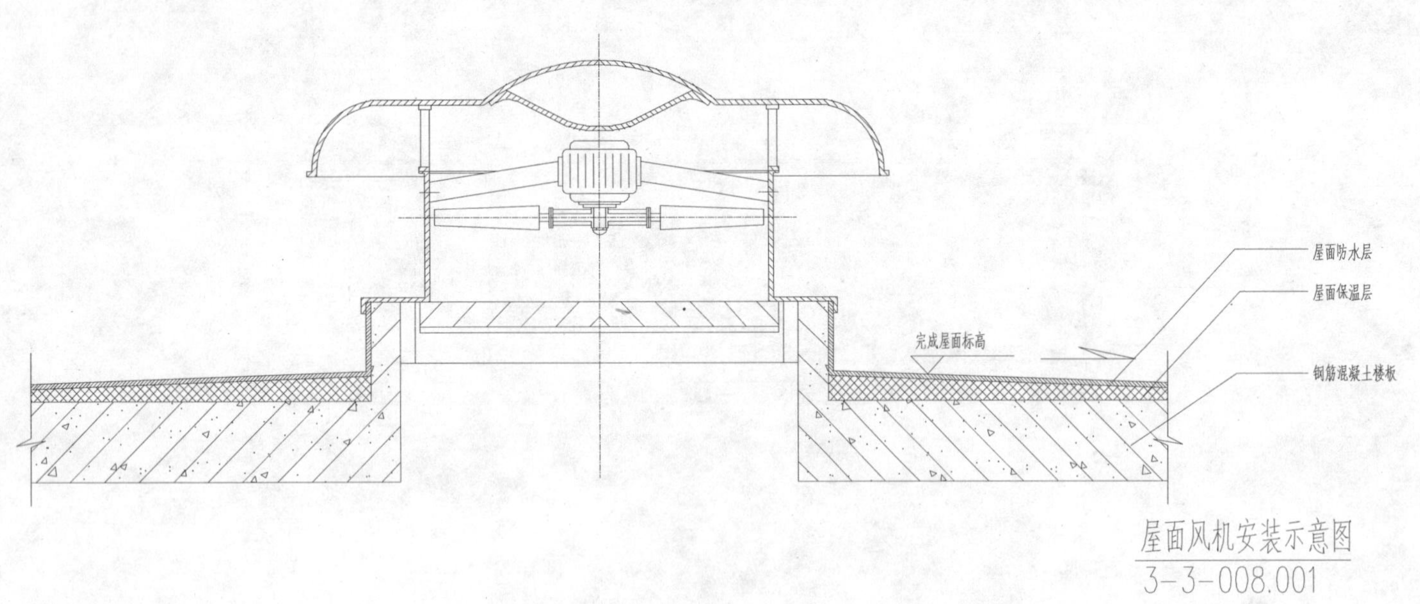

屋面风机安装示意图
3-3-008.001

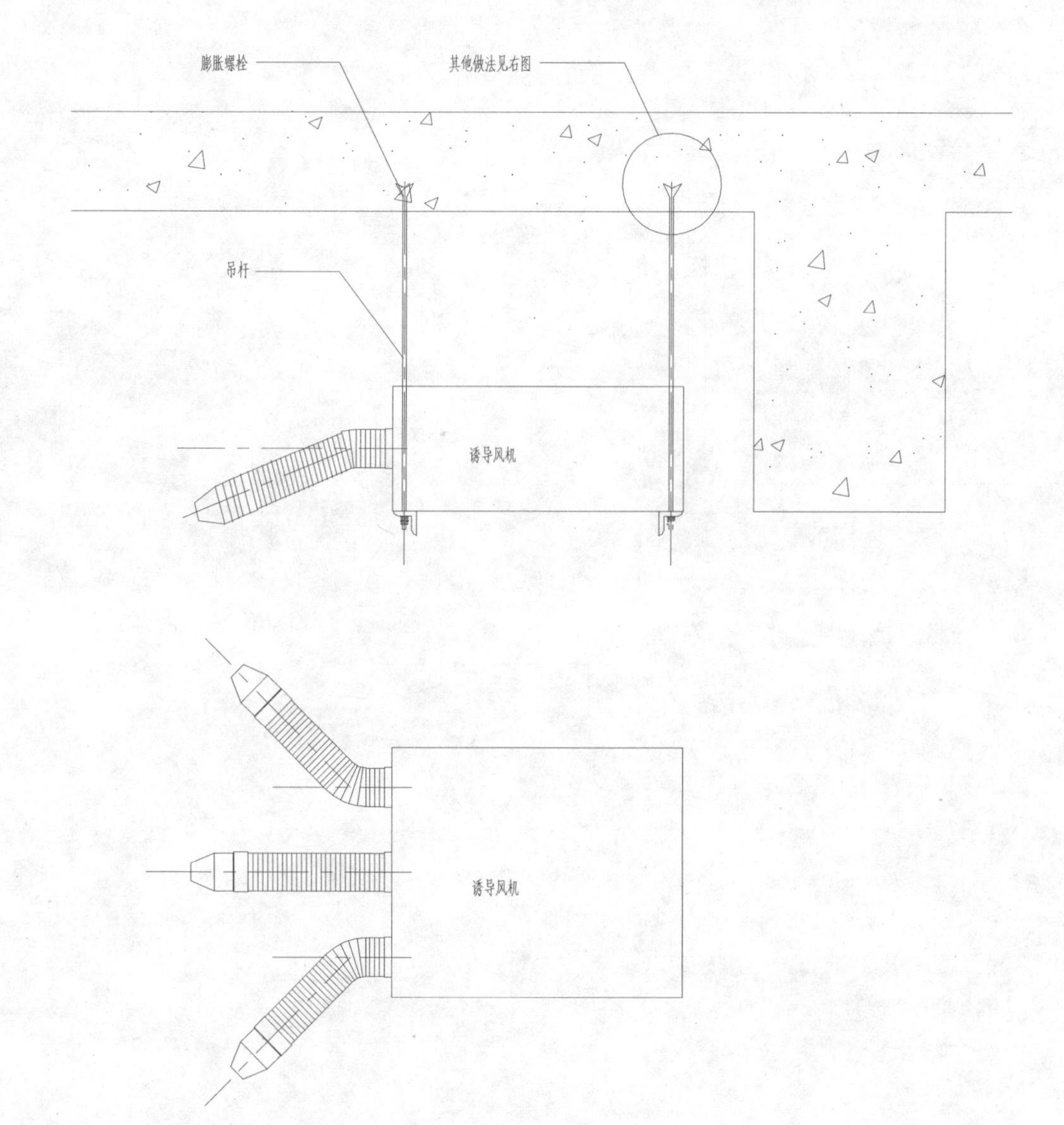

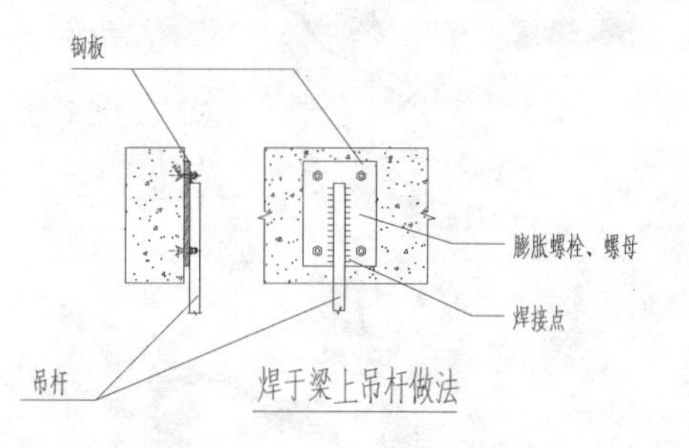

焊于梁上吊杆做法

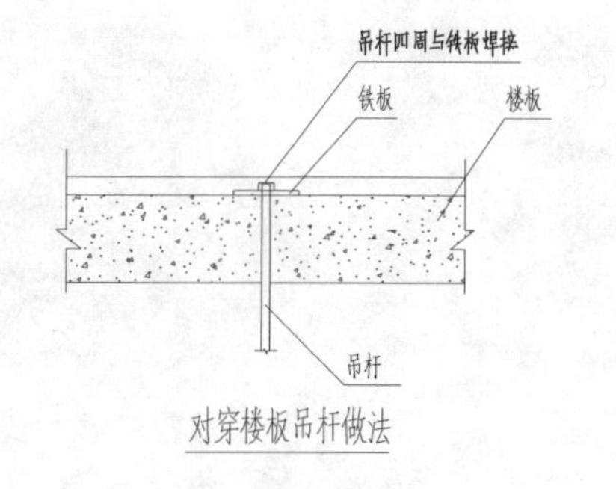

对穿楼板吊杆做法

诱导风机安装示意图
3-3-009.001

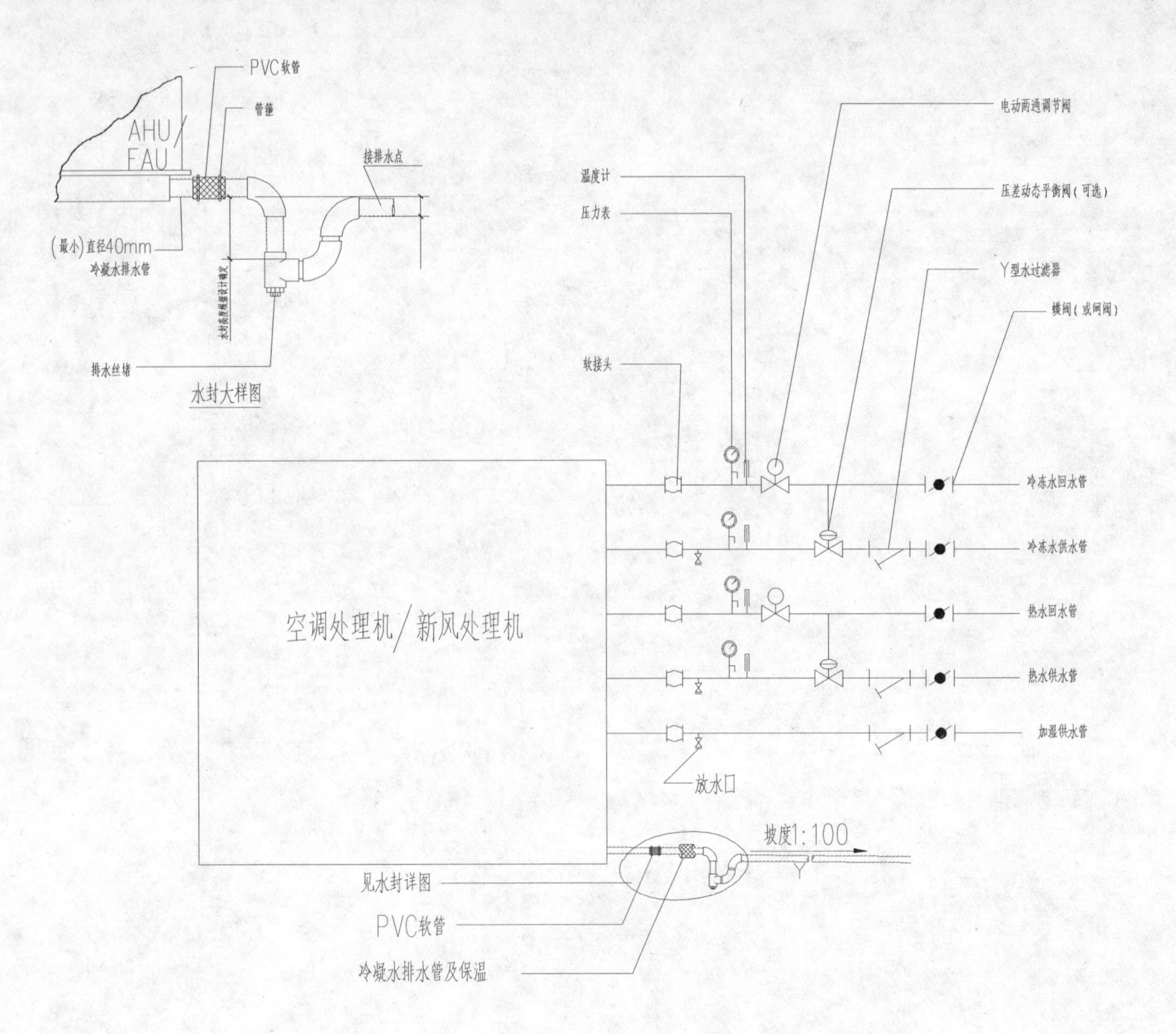

四管制水加湿标准空调处理机和新风处理机管道连接示意图

3-3-010.001

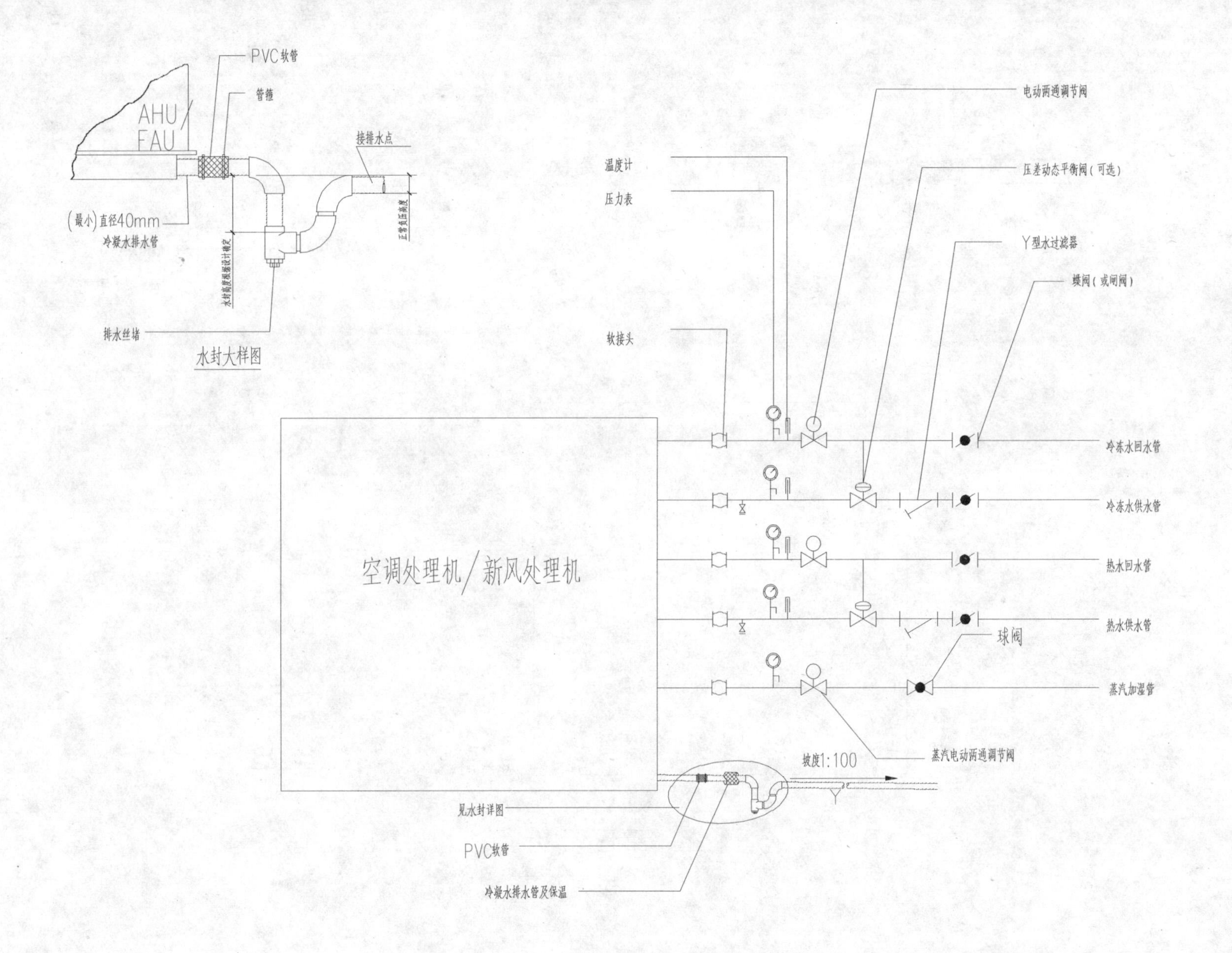

四管制蒸汽加湿标准空调处理机和新风处理机管道连接示意图

3-3-010.002

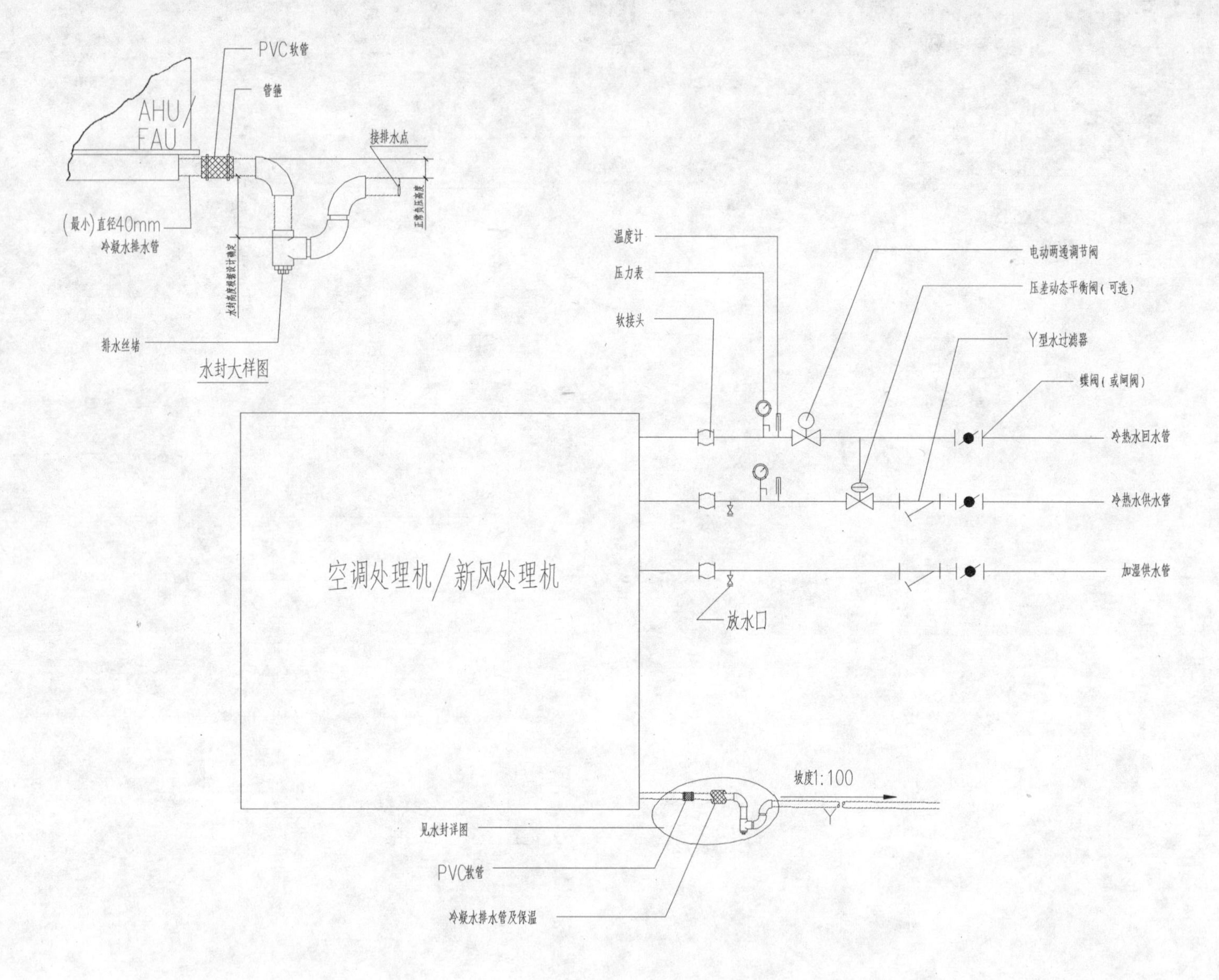

两管制水加湿标准空调处理机和新风处理机管道连接示意图

3-3-010.003

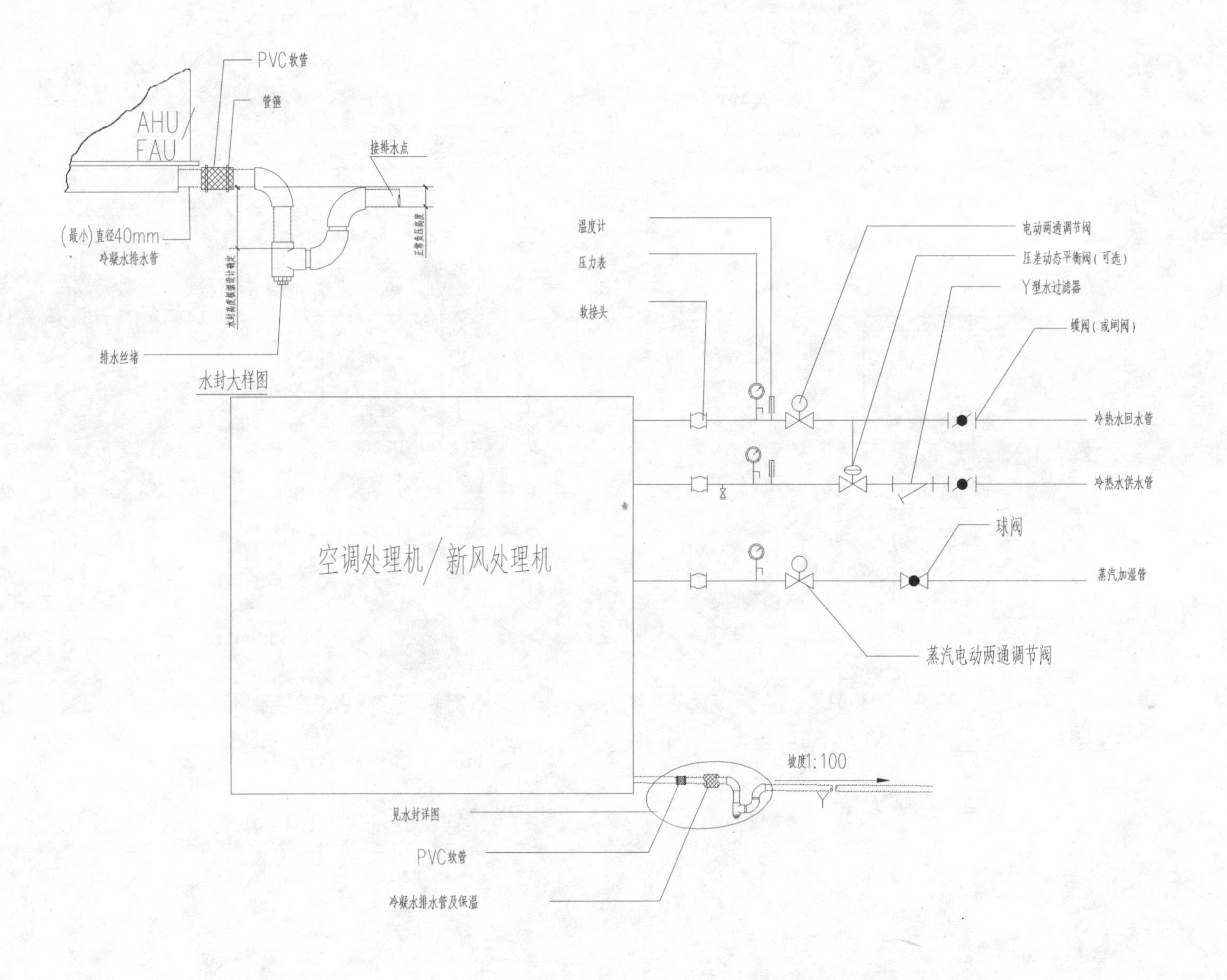

两管制蒸汽加湿标准空调处理机和新风处理机管道连接示意图

3-3-010.004

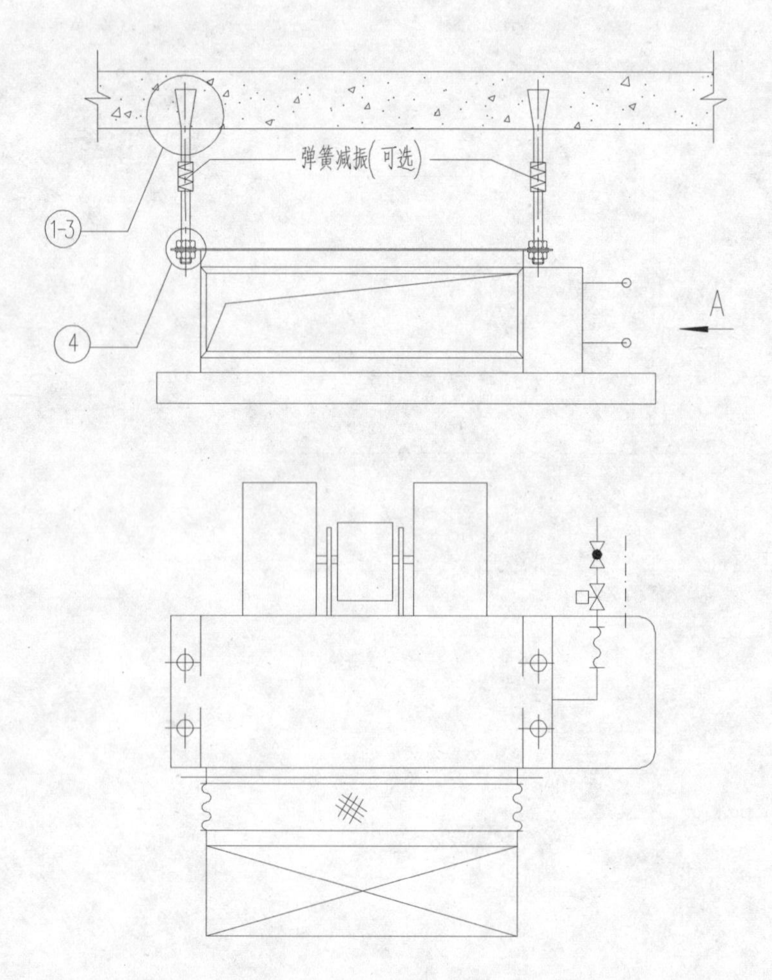

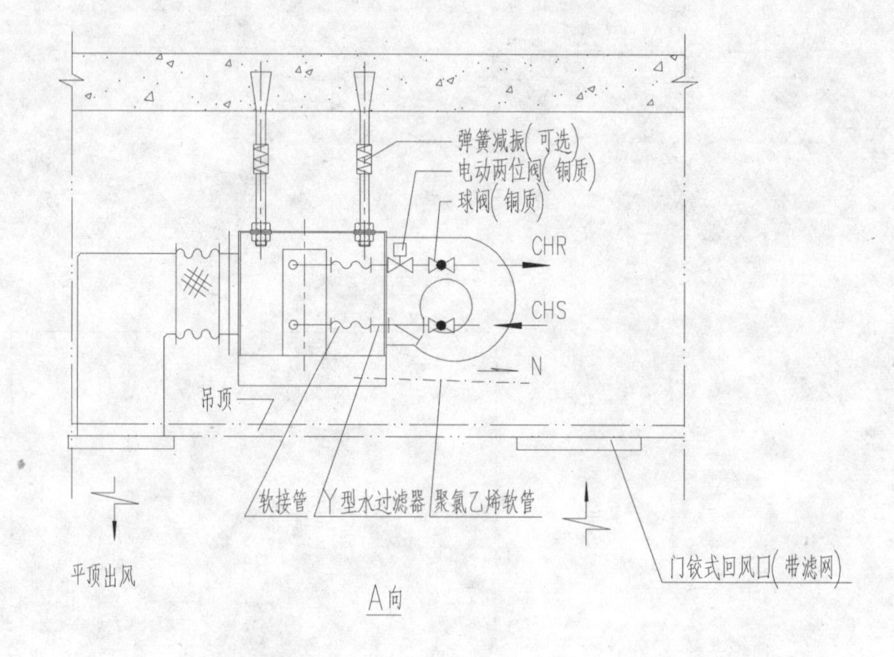

注：1. 若风管采用玻璃棉复合风管时，风管软接头取消。

2. 若吊装不采用减振措施时，风管软接头取消。

平顶回风、平顶送风卧式暗装风机盘管安装示意图

3-4-001.001

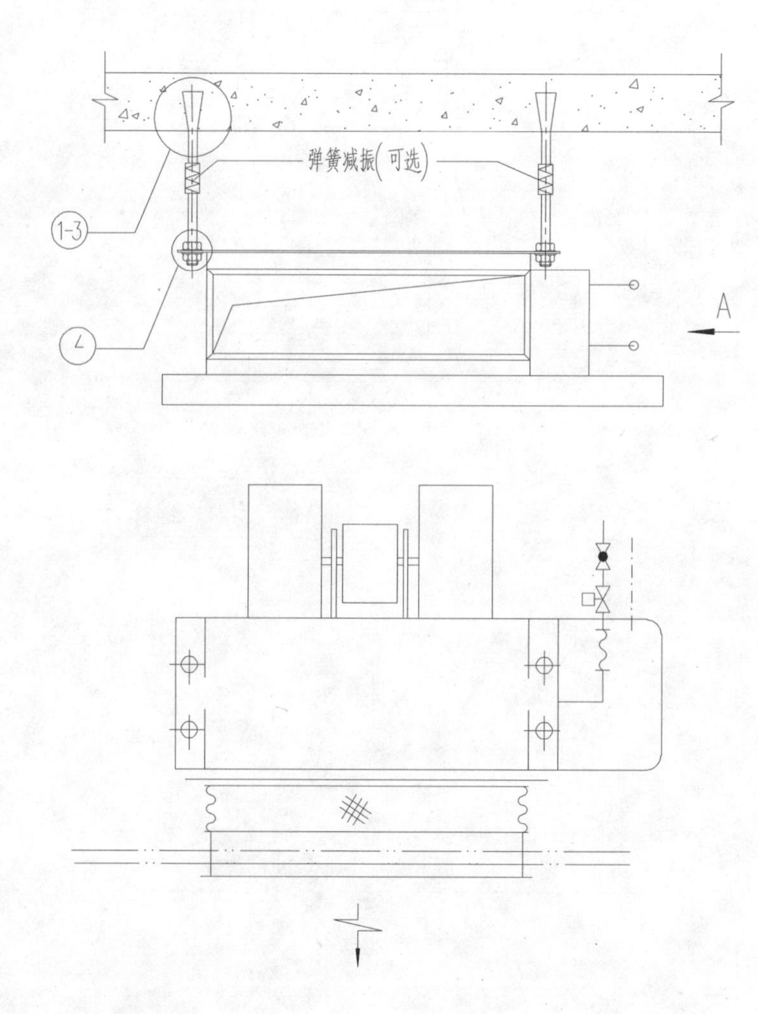

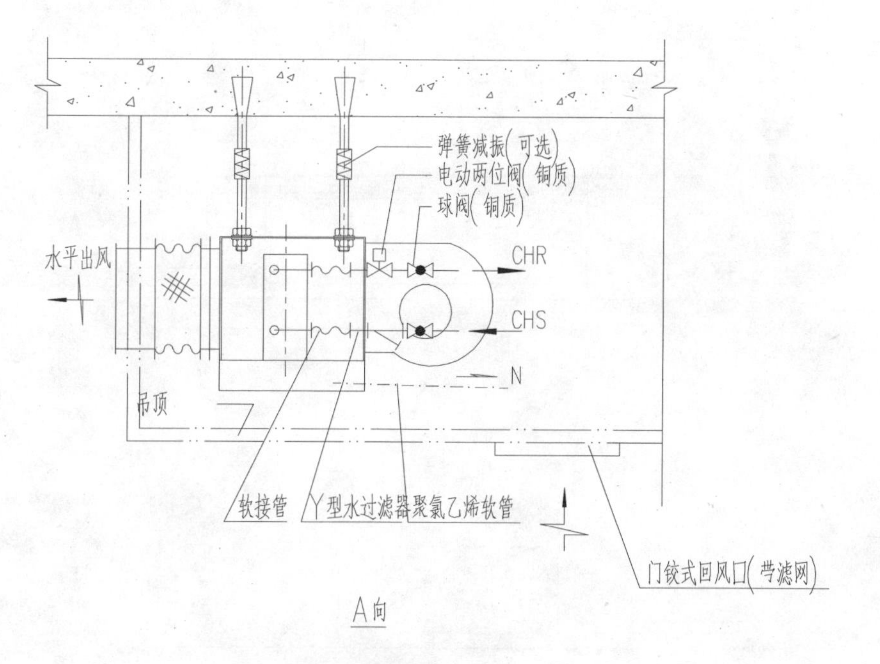

A向

注：1. 若风管采用玻璃棉复合风管时，风管软接头取消。
2. 若吊装不采用减振措施时，风管软接头取消。

平顶回风、侧送风卧式暗装风机盘管安装示意图

3-4-001.002

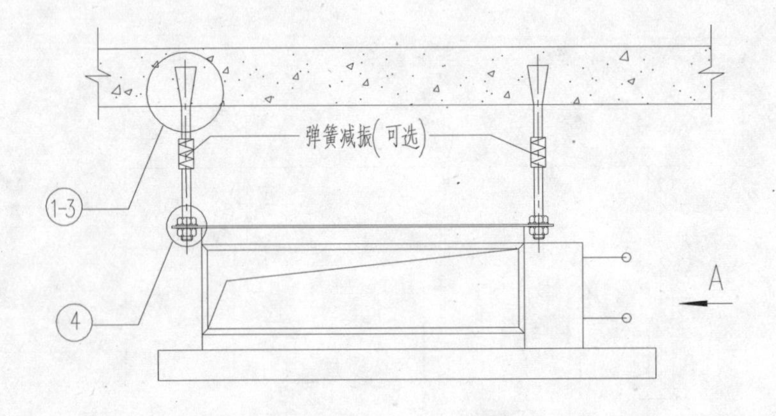

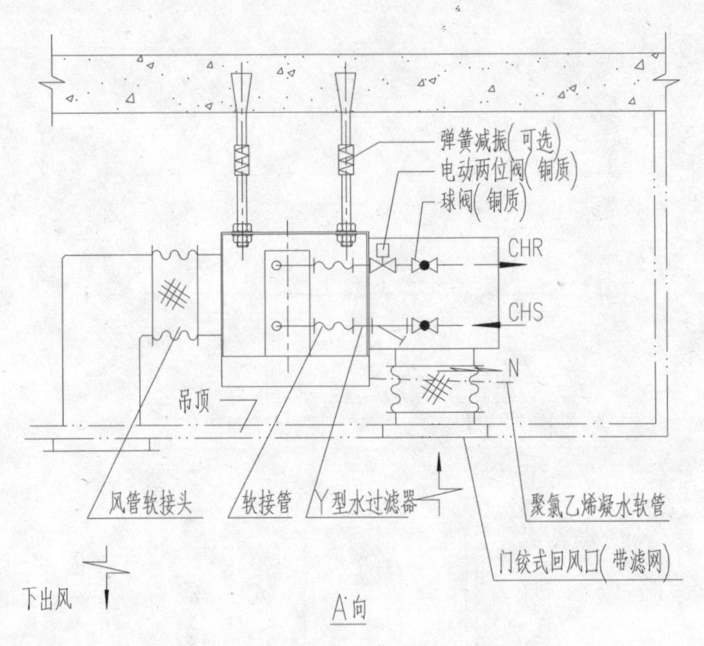

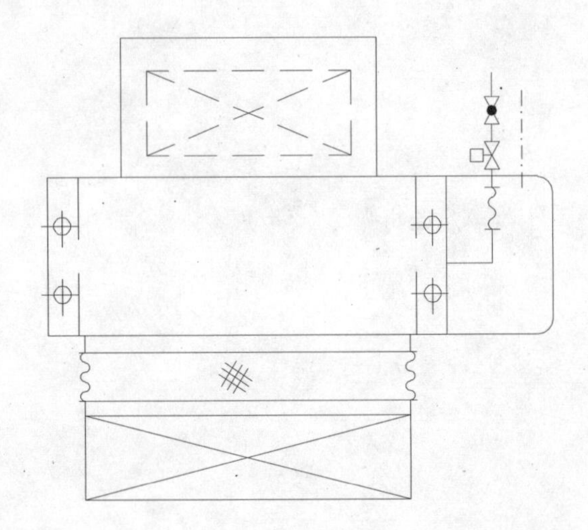

注：1. 若风管采用玻璃棉复合风管时，风管软接头取消。
2. 若吊装不采用减振措施时，风管软接头取消。

回风箱下回风、平顶送风卧式暗装风机盘管安装示意图
3-4-001.003

弹簧减震(可选)
1-3
4
A

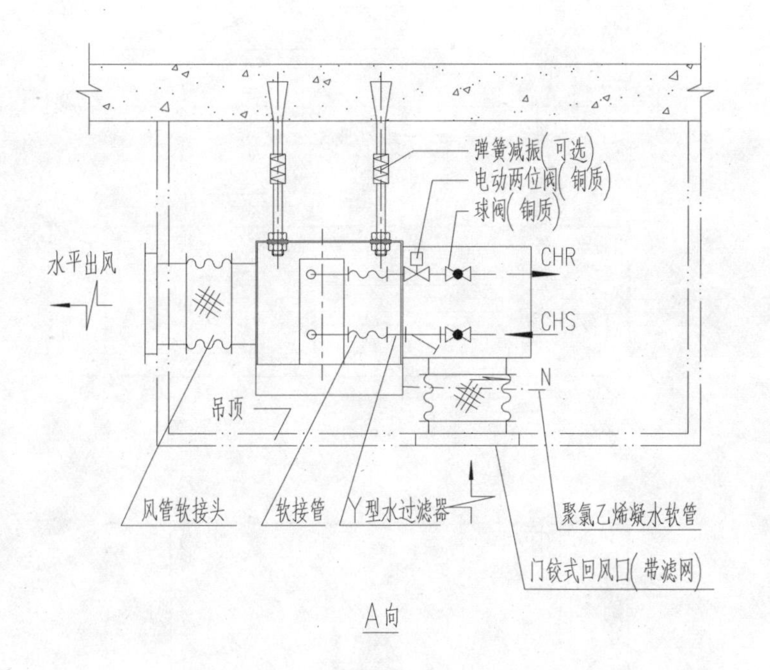

A向

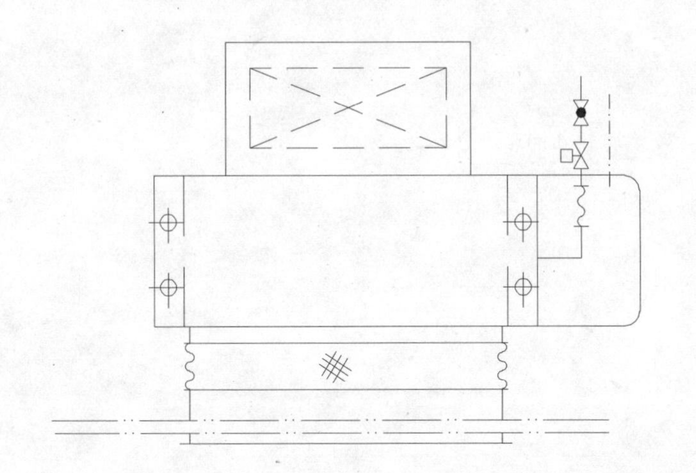

注:1.若风管采用玻璃棉复合风管时,风管软接头取消。
2.若吊装不采用减振措施时,风管软接头取消。

回风箱下回风、侧送风卧式暗装风机盘管安装示意图

3-4-001.004

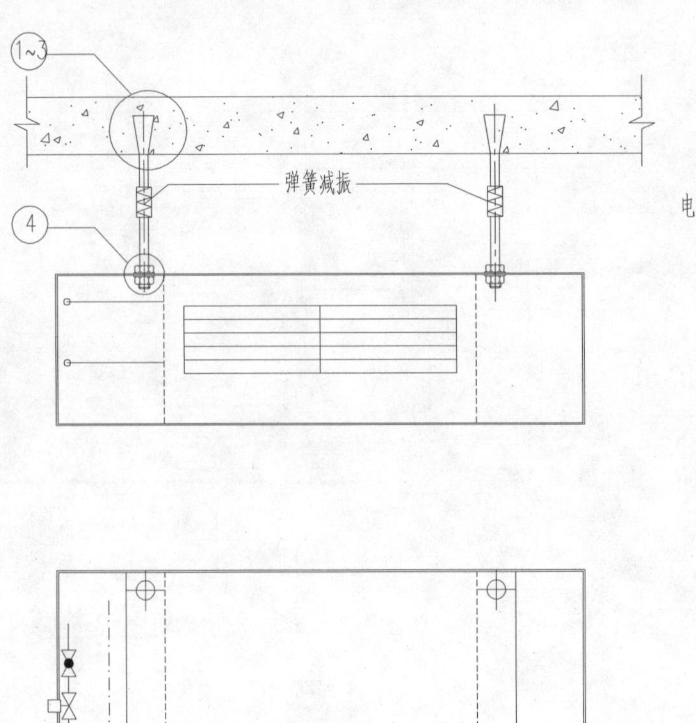

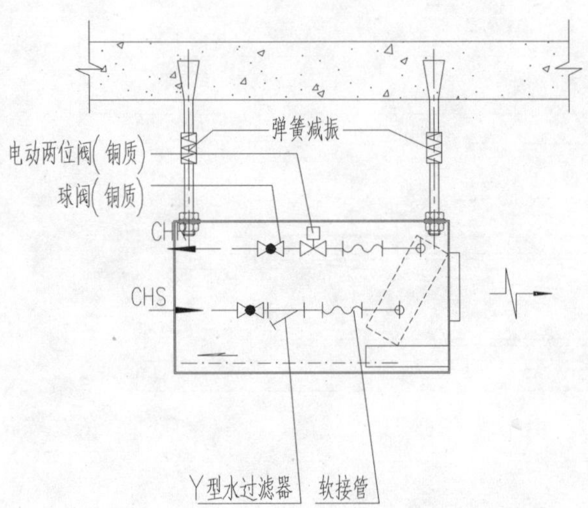

卧式明装风机盘管安装示意图
3-4-001.005

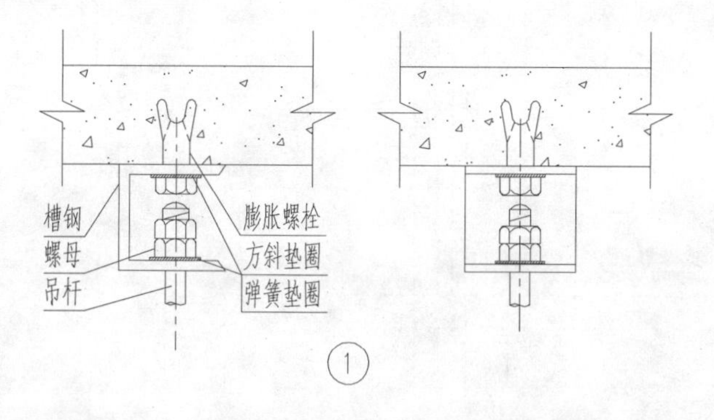

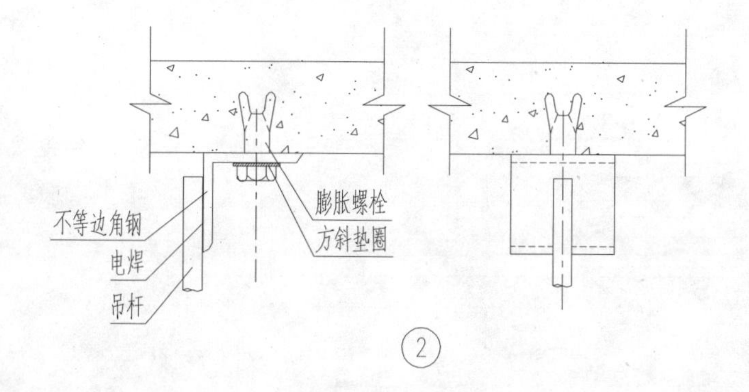

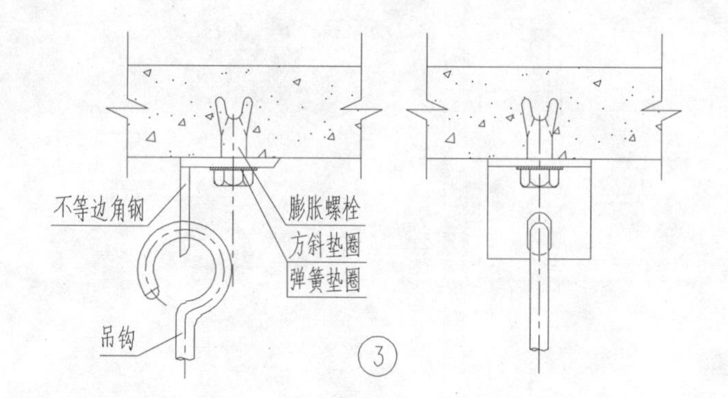

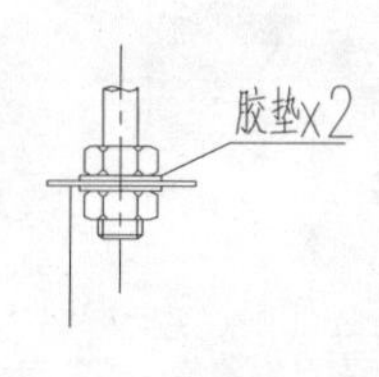

卧式暗装风机盘管安装示意图

3-4-001.006

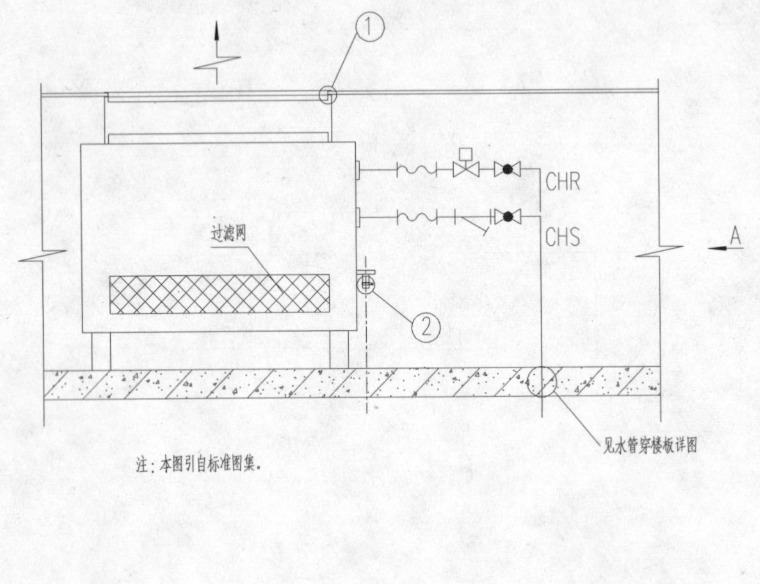

注：本图引自标准图集。

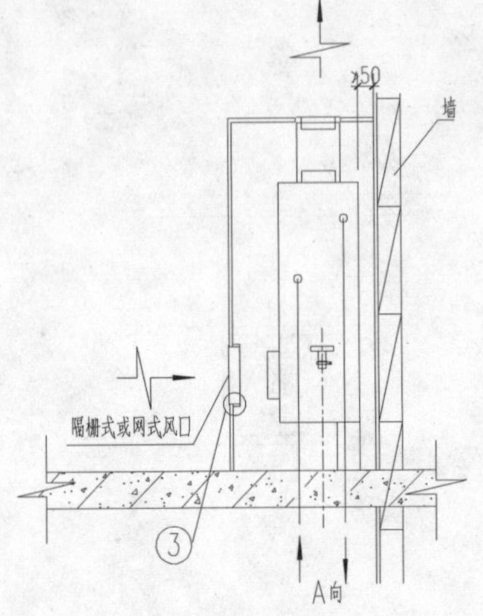

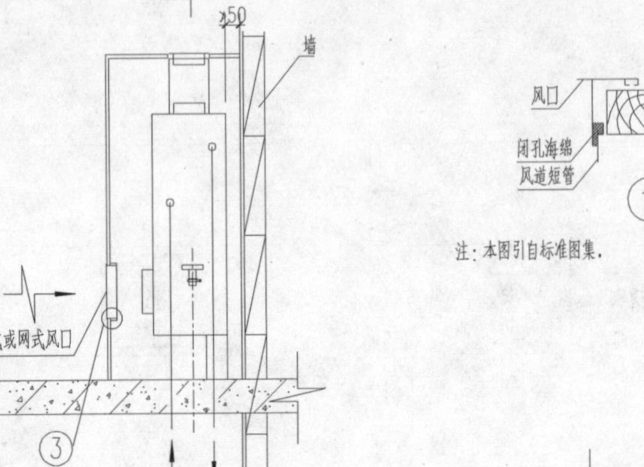

注：本图引自标准图集。

立式暗装风机盘管安装示意图
3-4-002.001

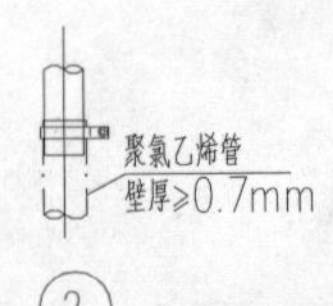

注：本图引自标准图集。

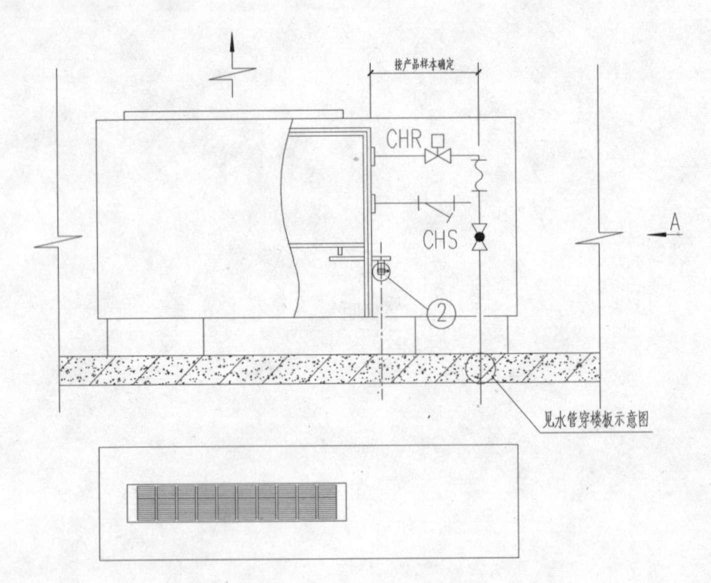

注：本图引自标准图集。

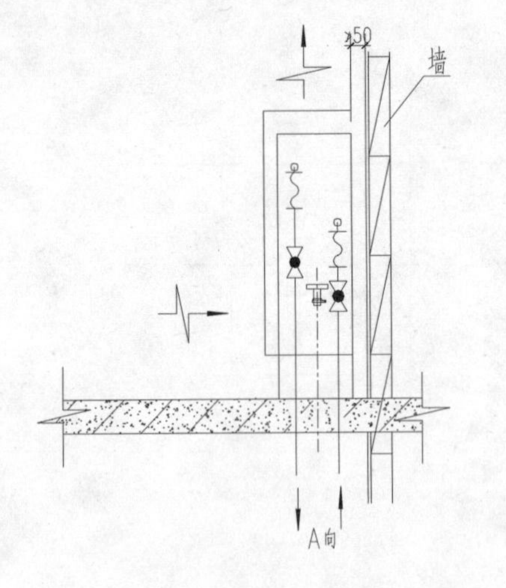

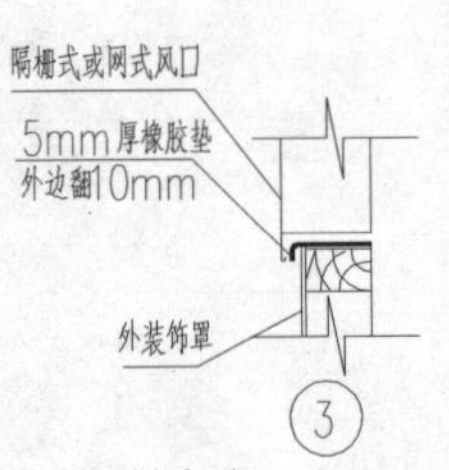

注：本图引自标准图集。

立式明装风机盘管安装示意图
3-4-002.002

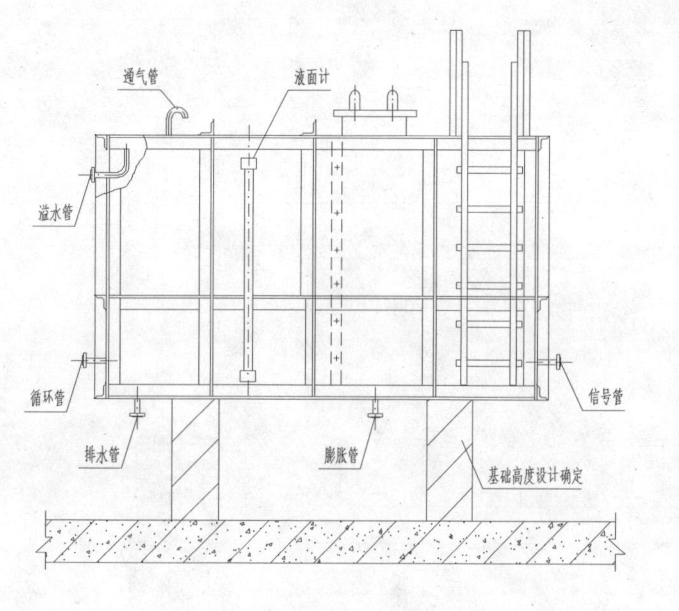

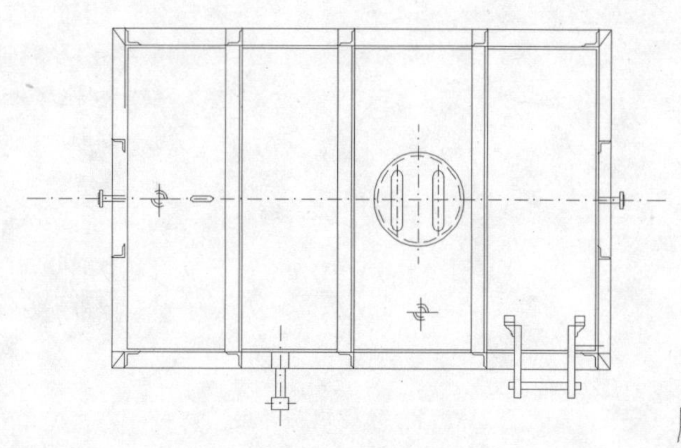

说明:

1. 本膨胀水箱适用于闭式空调水系统.
2. 本膨胀水箱不设补水箱,系统的补水可根据设在该膨胀水箱的电阻式水位传示装置给出的信号在机房内采用手动或自动方式补水.
3. 本图引自标准图集.

膨胀水箱安装示意图

3-4-003.001

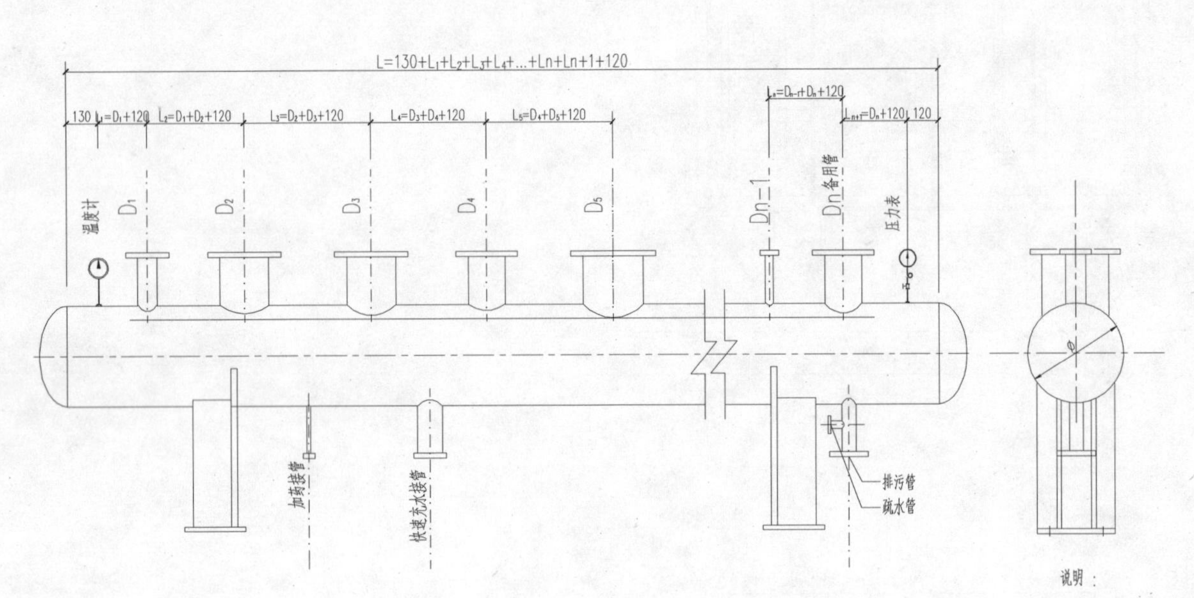

分、集水器配管示意图

3-4-004.001

说明：

1. 本图仅表明分集水器的配管及支座形式、尺寸（分集水器筒体直径系指筒内径）.

   分集水器的壁厚由压力容器设计单位计算确定，分集水器工作压力为1.0MPa；底脚螺栓四只，其孔位置如图，螺栓规格及支座所用型钢规格由压力容器设计者确定，分集水器温度6.5~60℃．如需要，其右侧支座的底脚螺栓孔可按长孔设计.

2. 配管法兰须按照蝶阀生产厂的要求加工.
3. 温度计插孔的内螺纹处应涂黄油防锈，管端加塑料保护套．筒体油漆应遵照压力容器设计图纸的要求进行.
4. 未尽之处参阅国标图集92K232.

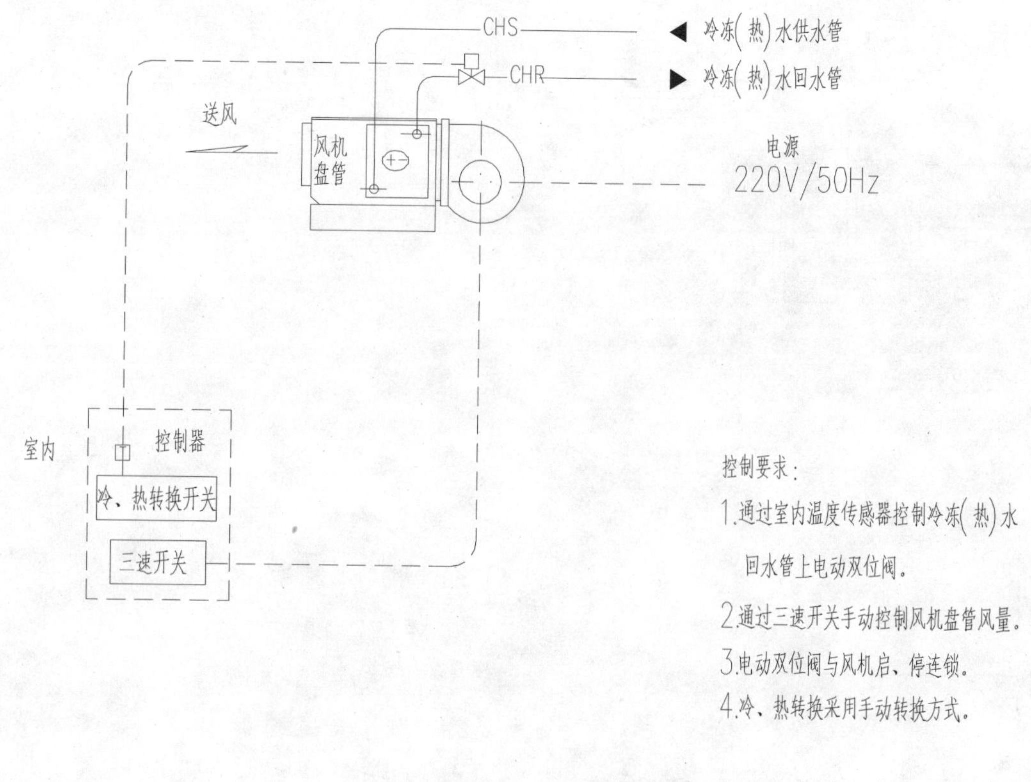

控制要求：

1. 通过室内温度传感器控制冷冻(热)水回水管上电动双位阀。
2. 通过三速开关手动控制风机盘管风量。
3. 电动双位阀与风机启、停连锁。
4. 冷、热转换采用手动转换方式。

风机盘管自控原理图(双管制系统)

4-1.001

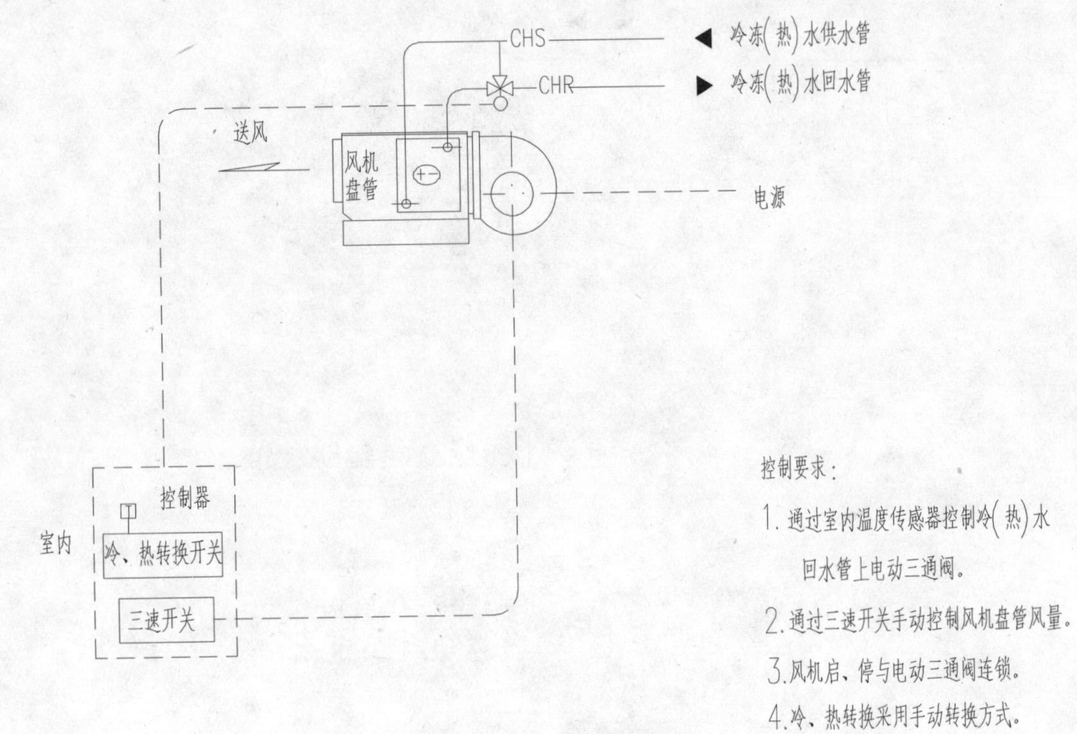

控制要求：

1. 通过室内温度传感器控制冷(热)水回水管上电动三通阀。
2. 通过三速开关手动控制风机盘管风量。
3. 风机启、停与电动三通阀连锁。
4. 冷、热转换采用手动转换方式。

风机盘管自控原理图(双管制系统)

4-1.002

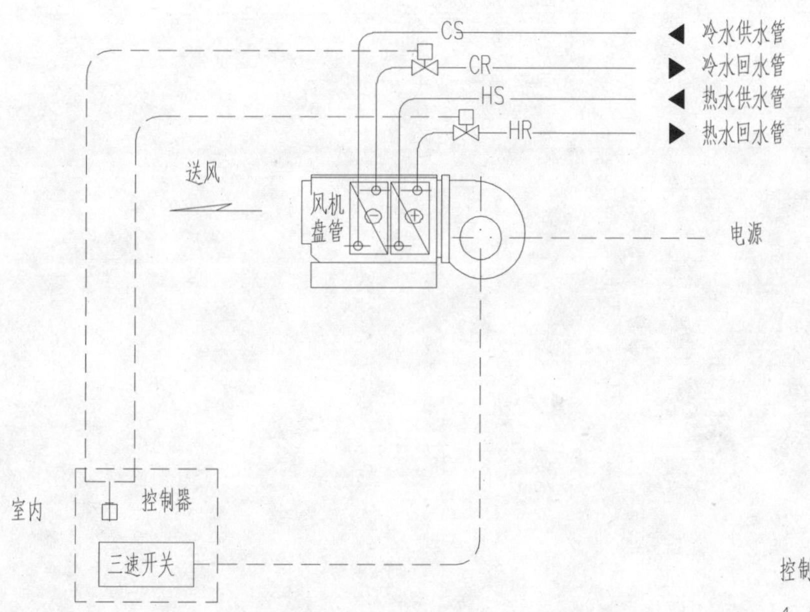

风机盘管自控原理图(四管制系统)

4-1.003

控制要求:

1. 通过室内温度传感器控制冷水或热水回水管上电动双位阀。
2. 通过三速开关手动控制风机盘管风量。
3. 电动双位阀与风机启、停控制连锁。

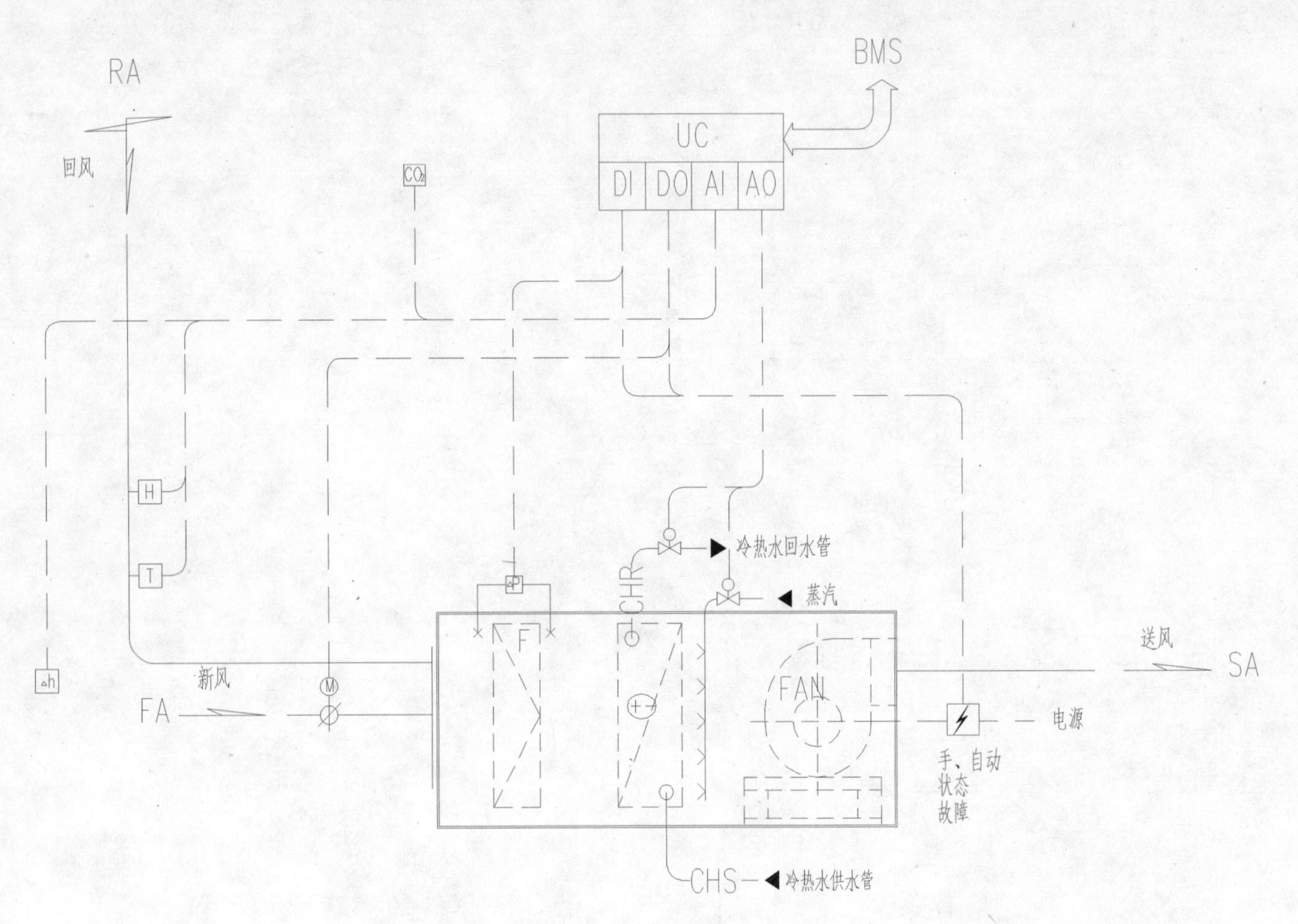

空调箱自控原理图(1)

4-2.001

控制要求:

1. 根据回风管上温度传感器信号控制冷热水回水管上电动两通阀,冷热转换由BA控制。
2. 对风机进行自动启、停控制并监测手、自动运行状态,发生故障时报警。
3. 新风管上电动风阀、水管上电动两通阀与风机启停连锁控制。
4. 用压差传感器作空气过滤器阻塞报警。
5. 根据室内二氧化碳浓度传感器分级控制新风阀的开度。(可选)
6. 通过回风管上湿度传感器控制蒸汽电动调节阀。(可选)
7. 根据室内外空气焓差控制新风阀的开度. 但需保证最小新风量。(可选)

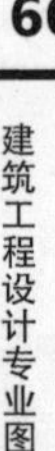

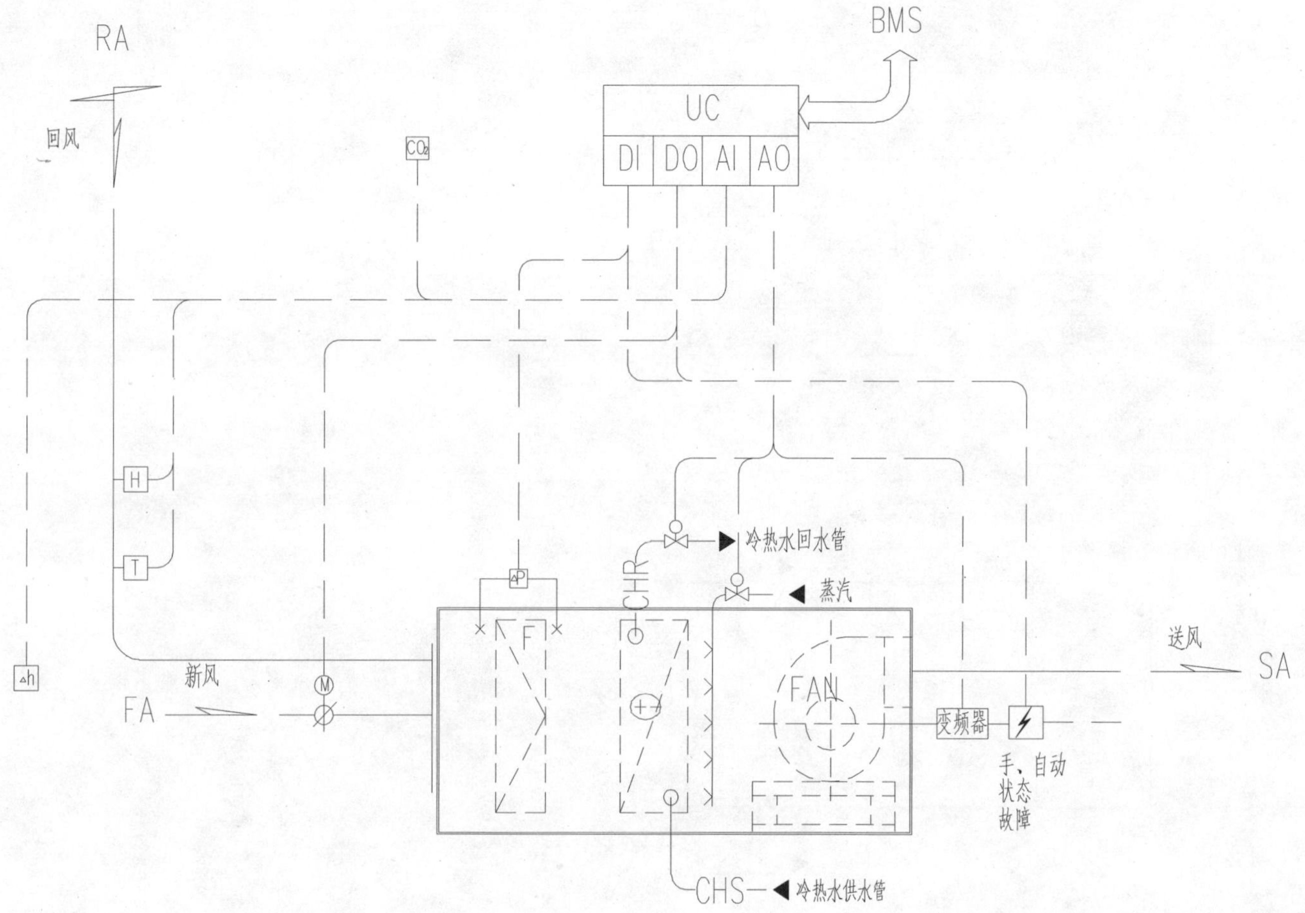

空调箱自控原理图(2)

4-2.002

控制要求：

1. 通过回风管上温度传感器控制变频器，使风机风量逐步减少或增加，在最大和最小风量时由回风管上温度传感器控制冷热水管上电动两通阀，冷热转换由BA控制。
2. 对风机进行自动启、停控制并监测手、自动运行状态，发生故障时报警。
3. 新风管上电动风阀、水管上电动两通阀与风机启停连锁控制。
4. 用压差传感器作空气过滤器阻塞报警。
5. 根据室内二氧化碳浓度传感器分级控制新风阀的开度。(可选)
6. 通过回风管上湿度传感器控制蒸汽电动调节阀。(可选)
7. 根据室内外空气焓差控制新风阀的开度，但需保证最小新风量。(可选)

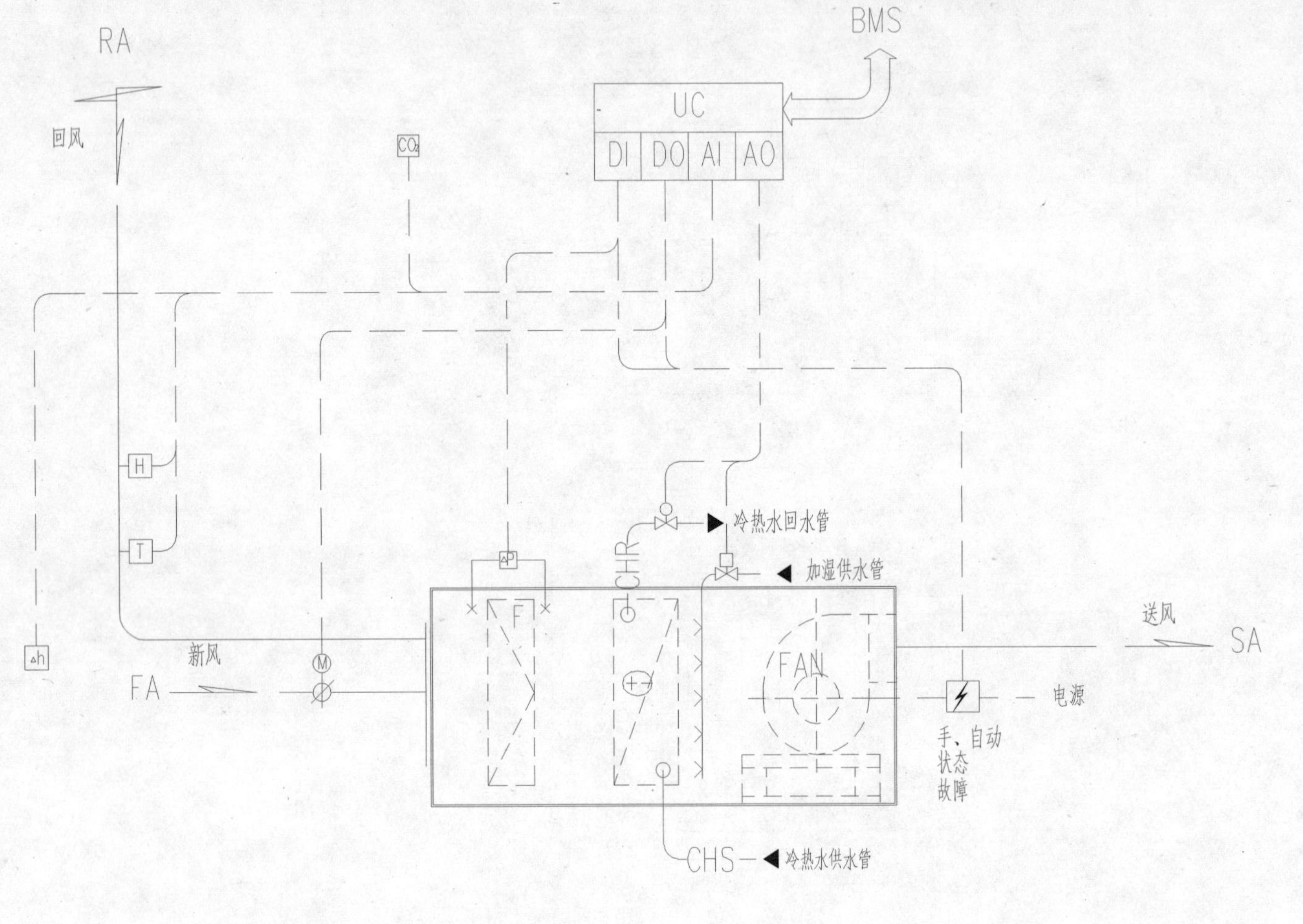

空调箱自控原理图(3)

4-2.003

控制要求:

1.根据回风管上温度传感器信号控制冷热水回水管上电动两通阀,冷热转换由BA控制.

2.对风机进行自动启停控制并监测手、自动运行状态,发生故障时报警.

3.新风管上电动风阀、水管上电动两通阀与风机启停连锁控制.

4.用压差传感器作空气过滤器阻塞报警.

5.根据室内二氧化碳浓度传感器分级控制新风阀的开度.(可选)

6.通过回风管上湿度传感器控制加湿供水管上的电动双位阀.(可选)

7.根据室内外空气焓差控制新风阀的开度,但需保证最小新风量.(可选)

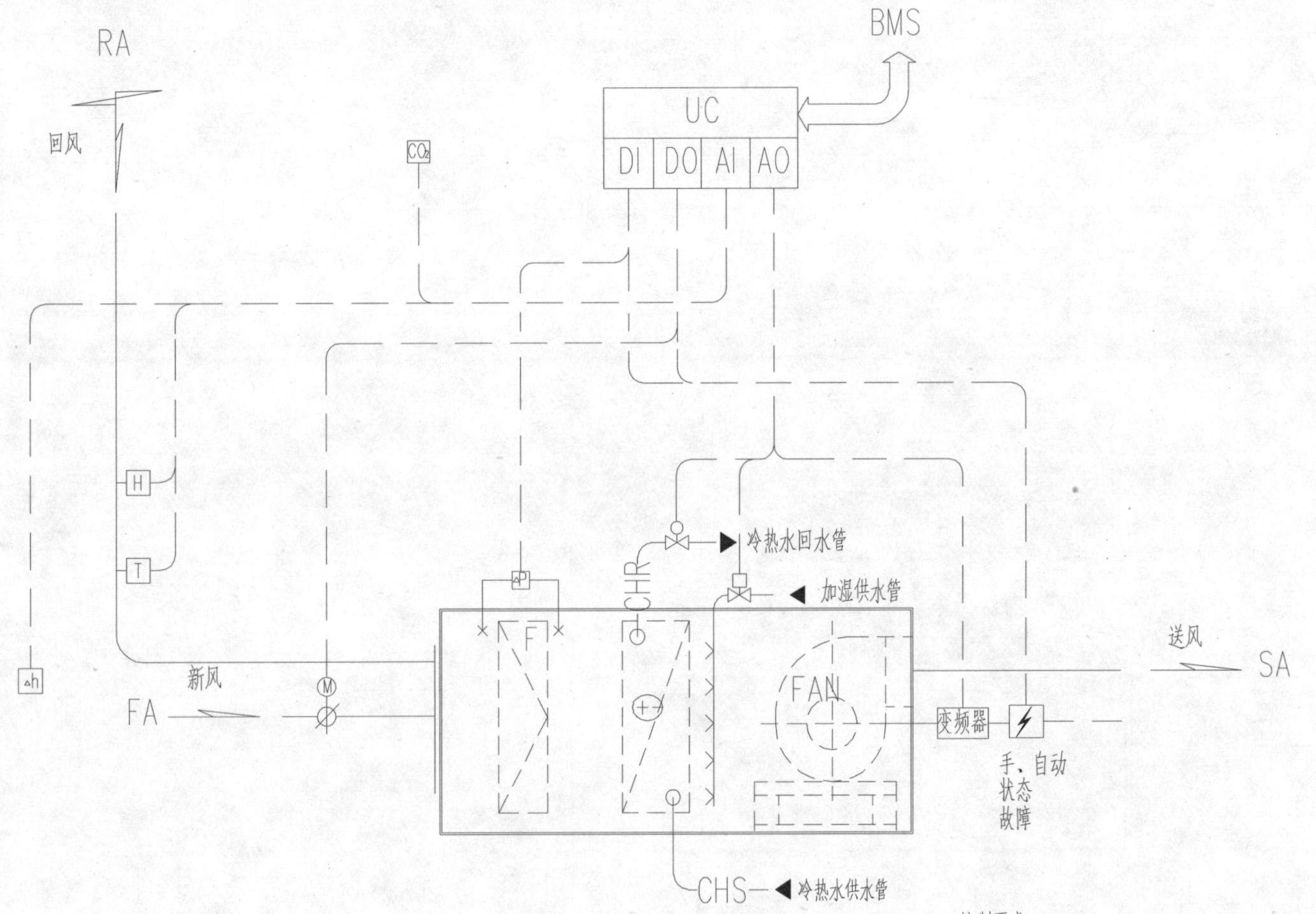

空调箱自控原理图(4)

4-2.004

控制要求：

1. 通过回风管上温度传感器控制变频器，使风机风量逐步减少或增加，在最大和最小风量时由回风管上温度传感器控制冷热水管上电动两通阀，冷热转换由BA控制。
2. 对风机进行自动启、停控制并监测手、自动运行状态、发生故障时报警。
3. 新风管上电动风阀、水管上电动两通阀与风机启停连锁控制。
4. 用压差传感器作空气过滤器阻塞报警。
5. 根据室内二氧化碳浓度传感器分级控制新风阀的开度。(可选)
6. 通过回风管上湿度传感器控制加湿供水管上的电动双位阀。(可选)
7. 根据室内外空气焓差控制新风阀的开度，但需保证最小新风量。(可选)

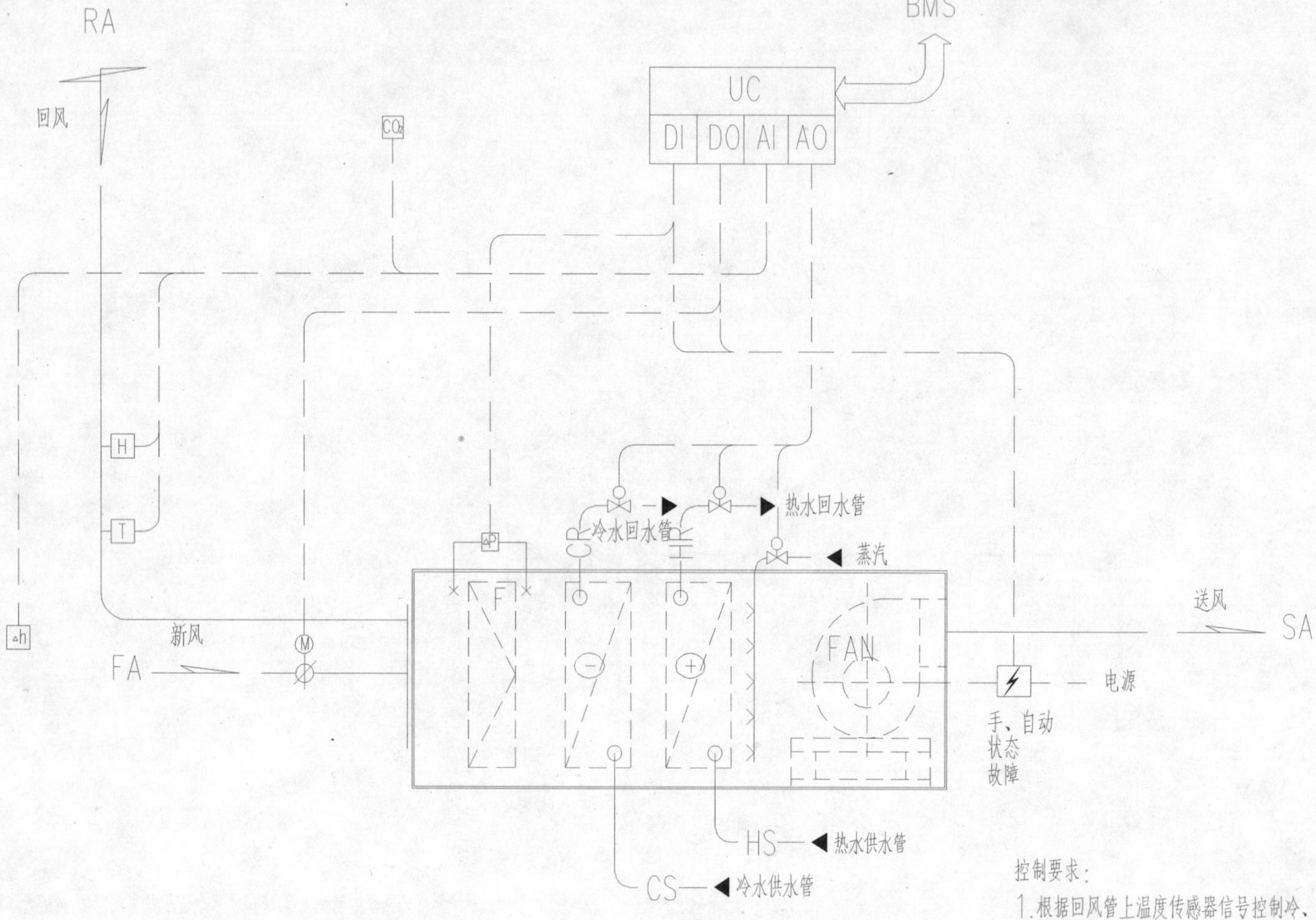

空调箱自控原理图(5)
4-2.005

控制要求：
1.根据回风管上温度传感器信号控制冷、热水回水管上电动两通阀.
2.对风机进行自动启、停控制并监测手、自动运行状态,发生故障时报警.
3.新风管上电动风阀、水管上电动两通阀与风机启停连锁控制.
4.用压差传感器作空气过滤器阻塞报警.
5.根据室内二氧化碳浓度传感器分级控制新风阀的开度.(可选)
6.通过回风管上湿度传感器控制蒸汽电动调节阀.(可选)
7.根据室内外空气焓差控制新风阀的开度,但需保证最小新风量.(可选)

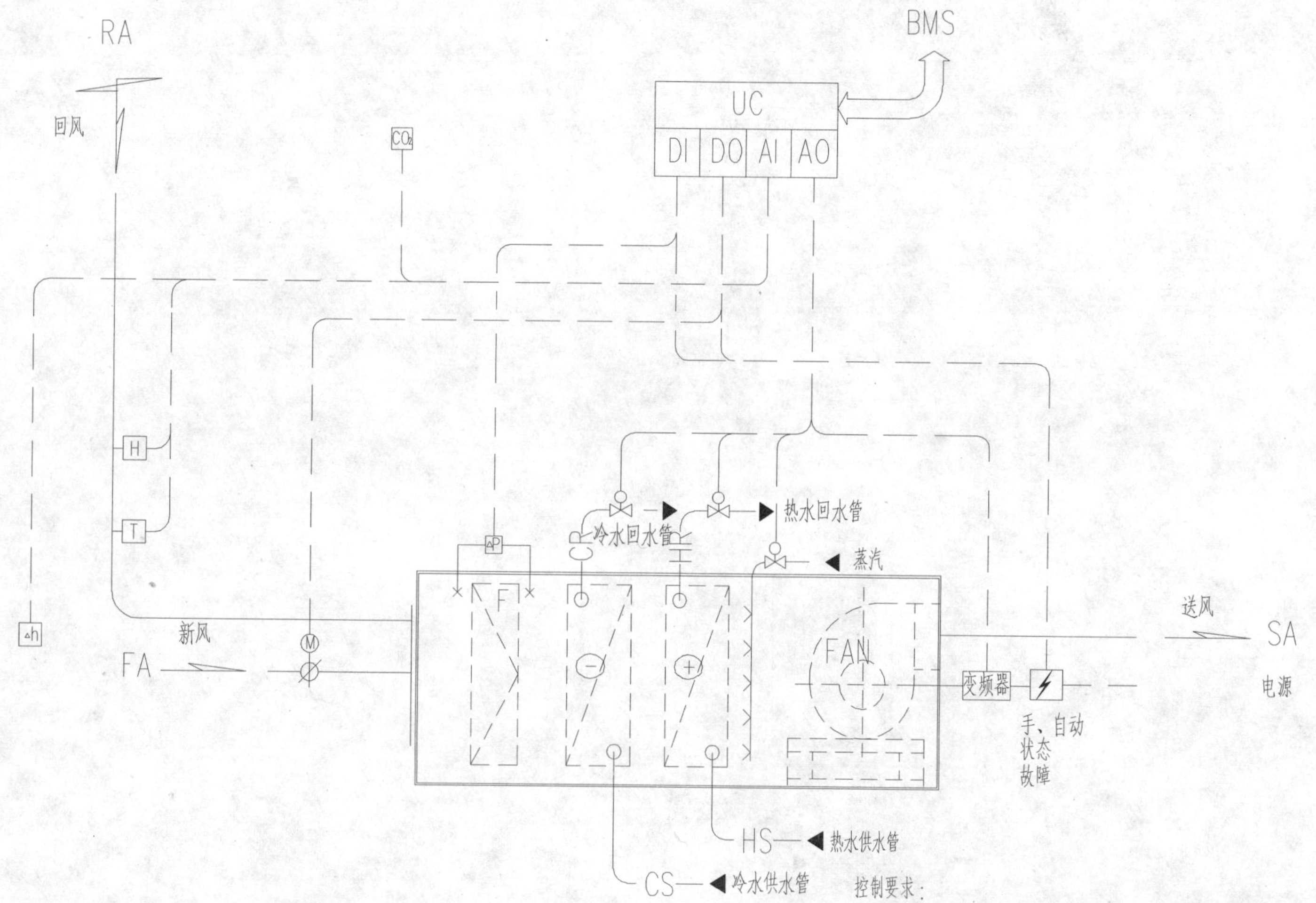

控制要求：

1. 通过回风管上温度传感器控制变频器，使风机风量逐步减少或增加，在最大和最小风量时由回风管上温度传感器控制冷、热水管上电动两通阀。
2. 对风机进行自动启、停控制并监测手、自动运行状态，发生故障时报警。
3. 新风管上电动风阀、水管上电动两通阀与风机启停连锁控制。
4. 用压差传感器作空气过滤器阻塞报警。
5. 根据室内二氧化碳浓度传感器分级控制新风阀的开度。（可选）
6. 通过回风管上湿度传感器控制蒸汽电动调节阀。（可选）
7. 根据室内外空气焓差控制新风阀的开度，但需保证最小新风量。（可选）

空调箱自控原理图(6)

4-2.006

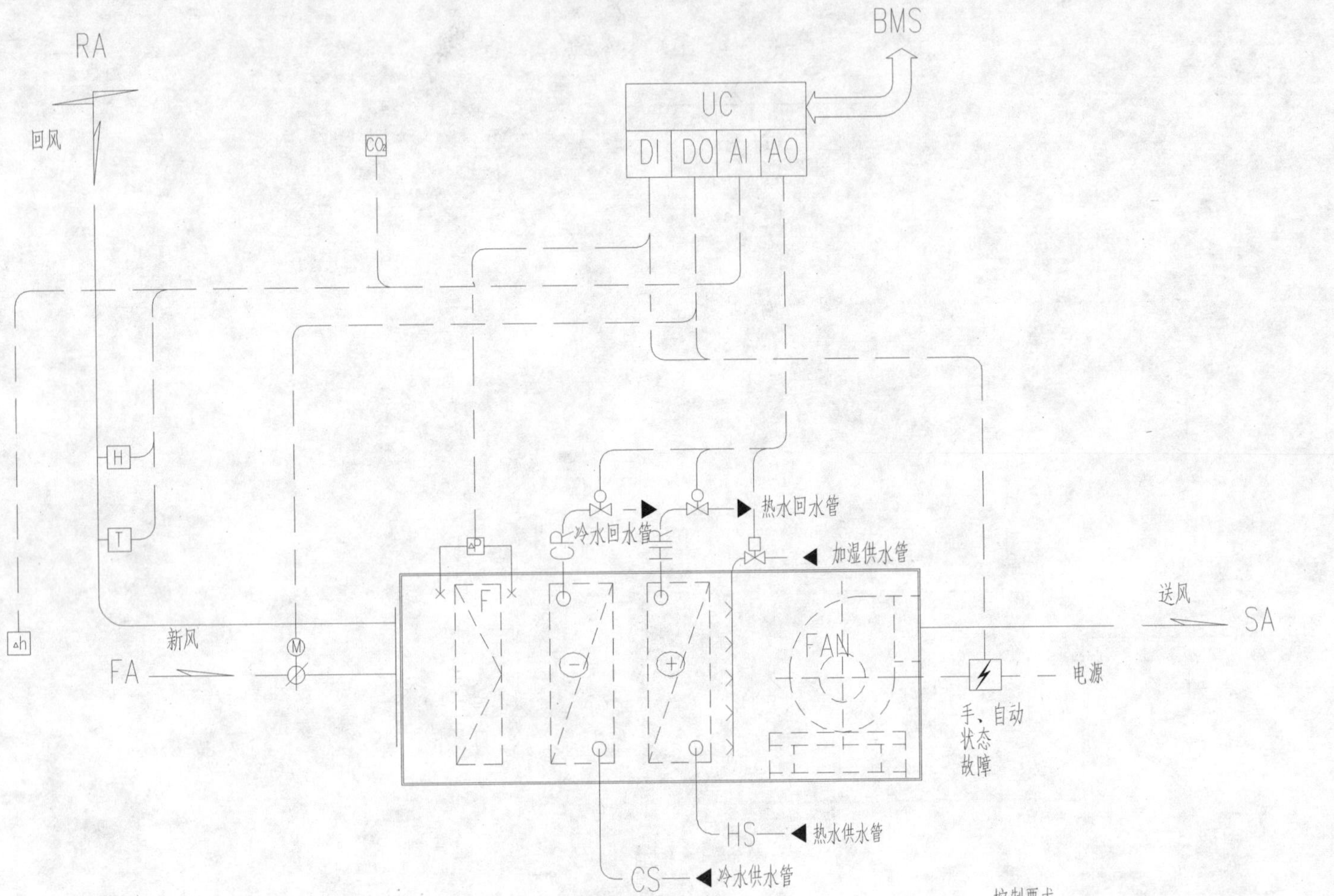

空调箱自控原理图(7)

4-2.007

控制要求：

1.根据回风管上温度传感器信号控制冷、热水回水管上电动两通阀。

2.对风机进行自动启.停控制并监测手、自动运行状态，发生故障时报警。

3.新风管上电动风阀、水管上电动两通阀与风机启停连锁控制。

4.用压差传感器作空气过滤器阻塞报警。

5.根据室内二氧化碳浓度传感器分级控制新风阀的开度。(可选)

6.通过回风管上湿度传感器控制加湿供水管上的电动双位阀。(可选)

7.根据室内外空气焓差控制新风阀的开度，但需保证最小新风量。(可选)

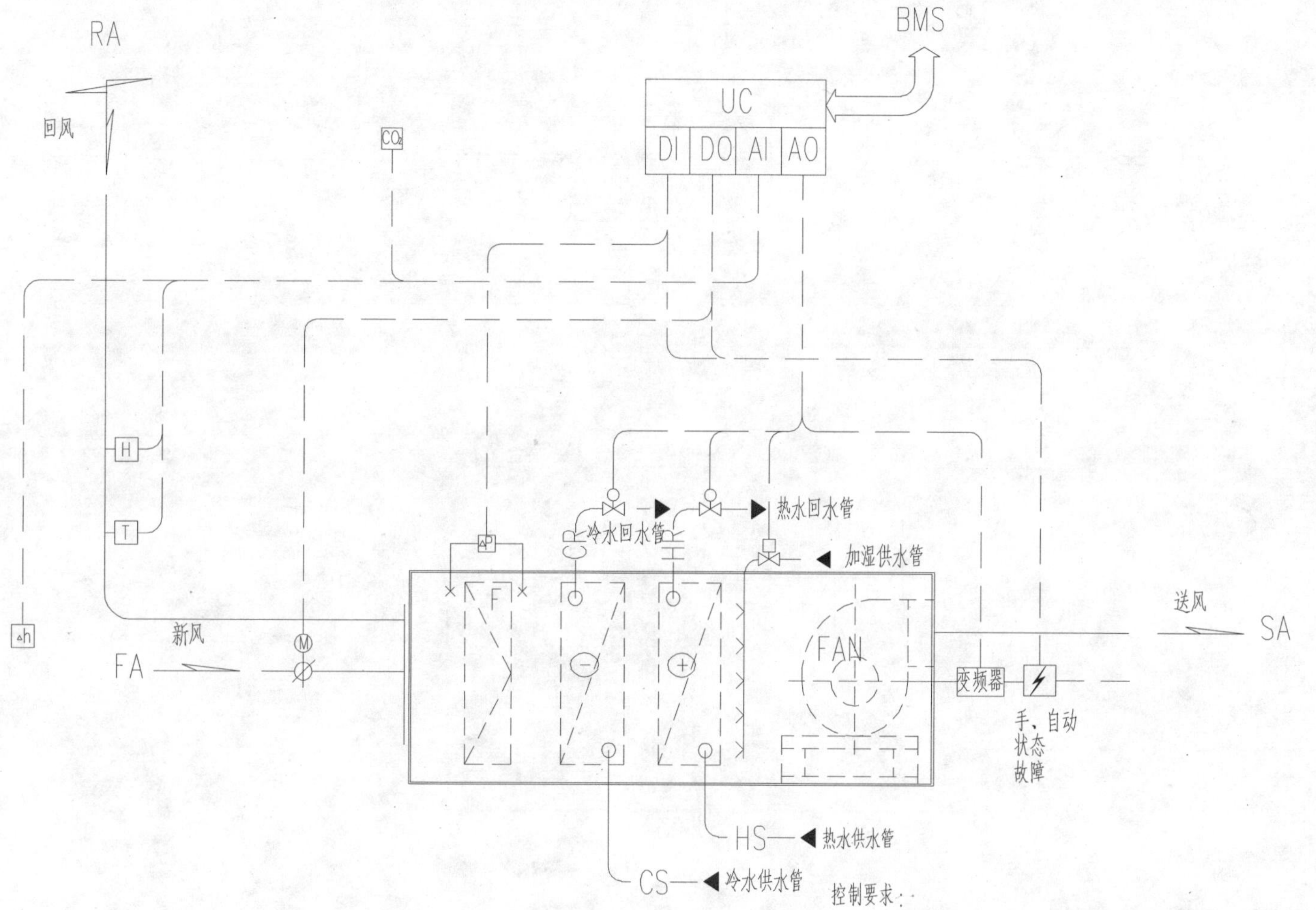

空调箱自控原理图(8)

4-2.008

控制要求：

1. 通过回风管上温度传感器控制变频器，使风机风量逐步减少或增加，在最大和最小风量时由回风管上温度传感器控制冷、热水管上电动两通阀。
2. 对风机进行自动启、停控制并监测手、自动运行状态，发生故障时报警。
3. 新风管上电动风阀、水管上电动两通阀与风机启停连锁控制。
4. 用压差传感器作空气过滤器阻塞报警。
5. 根据室内二氧化碳浓度传感器分级控制新风阀的开度。(可选)
6. 通过回风管上湿度传感器控制加湿供水管上的电动双位阀。(可选)
7. 根据室内外空气焓差控制新风阀的开度，但需保证最小新风量。(可选)

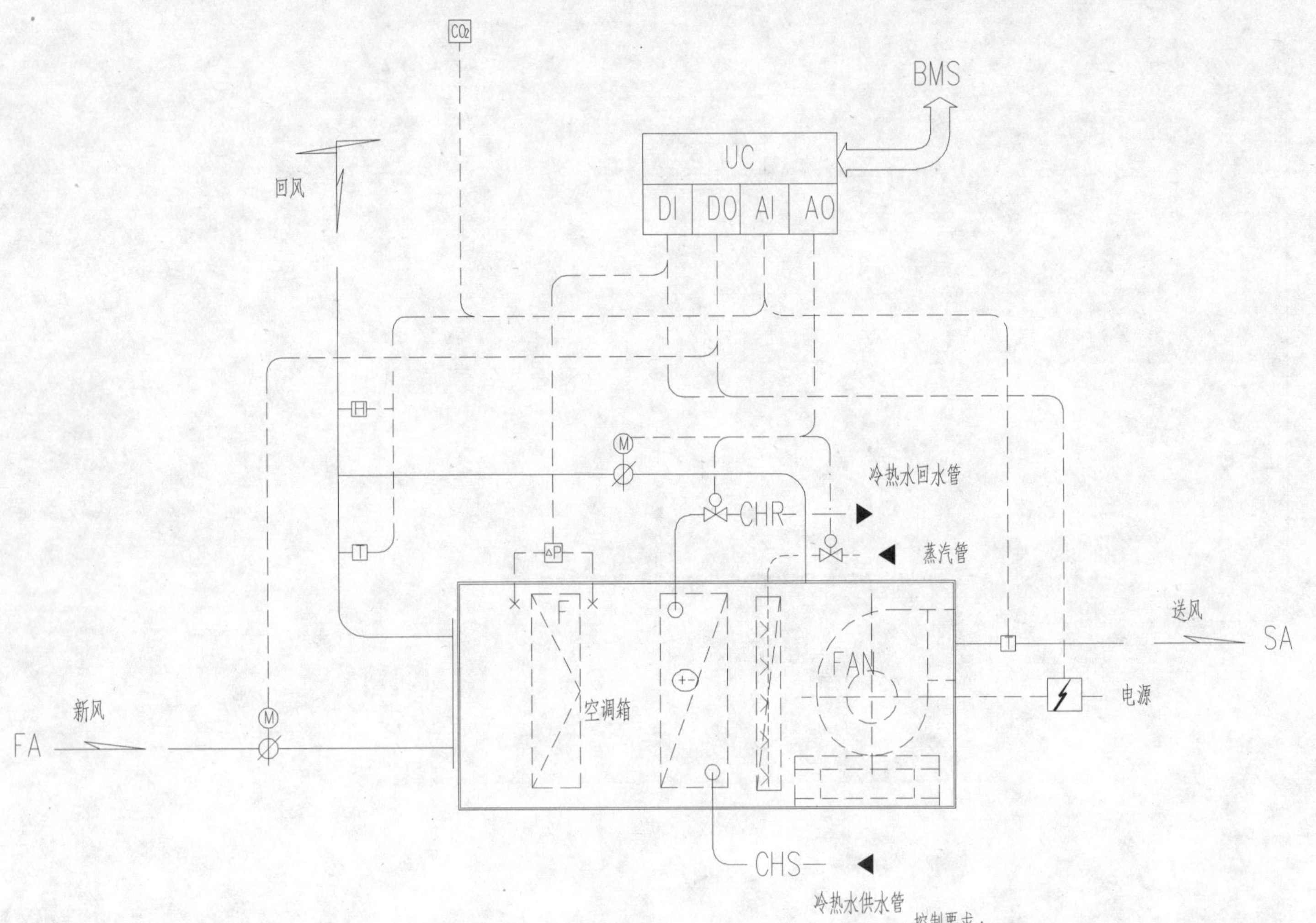

空调箱自控原理图(9)
4-2.009

控制要求:

1.通过回风管上温度传感器控制冷热水回水管上电动两通阀。送风管上的温度控制器控制二次回风管上电动风阀开度,冷热转换由BA控制。
2.对风机进行自动启、停控制并监测运行状态,发生故障时报警。
3.新风管上电动调节阀和风机连锁控制。
4.用压差传感器防止空气过滤器阻塞,阻塞时报警。
5.根据室内空气二氧化碳浓度分级控制新风阀的开度。
6.通过回风管上湿度传感器控制蒸汽管上电动二通阀开度。

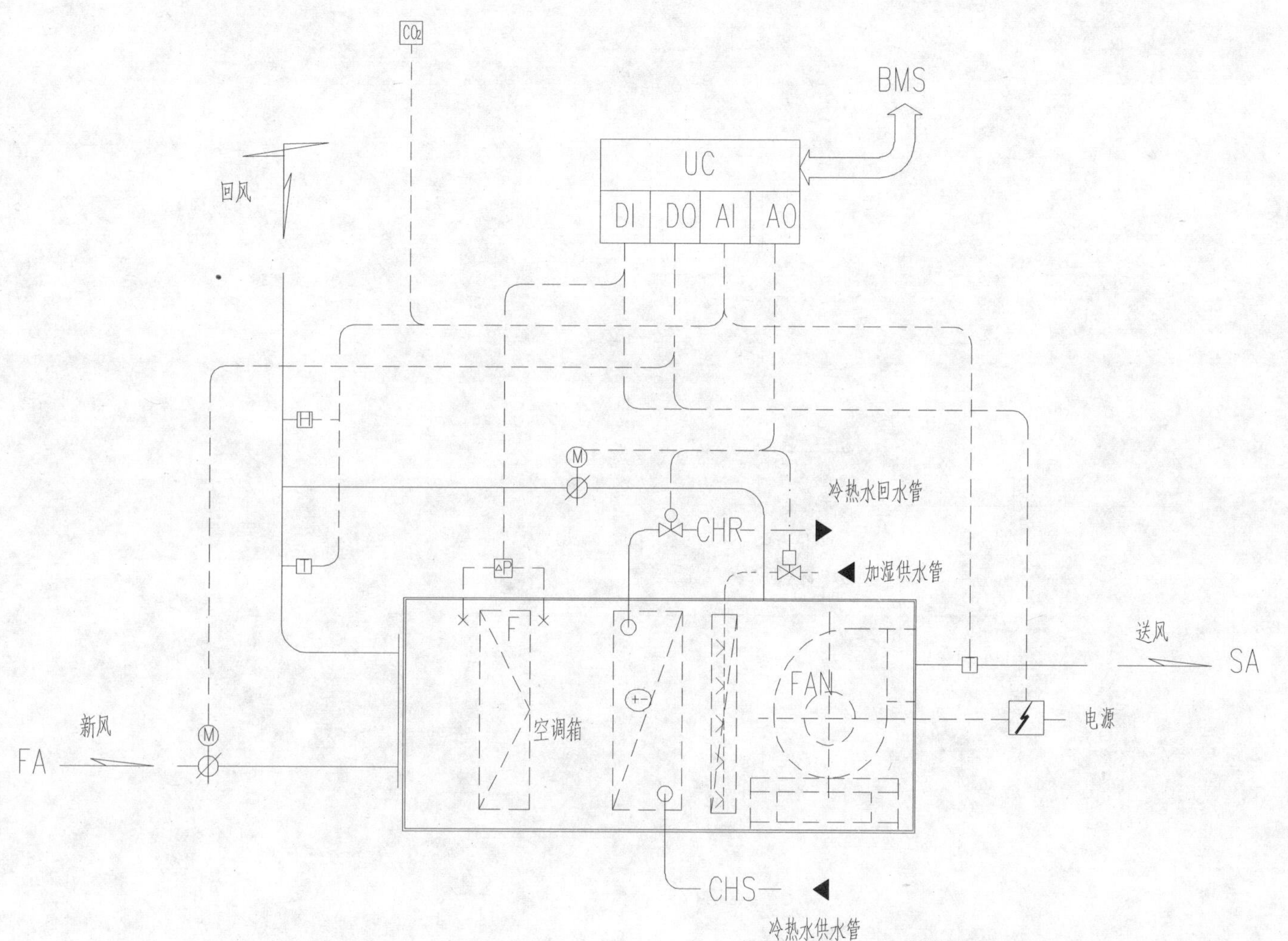

空调箱自控原理图(10)
4-2.010

控制要求：

1. 通过回风管上温度传感器控制冷热水回水管上电动两通阀。送风管上的温度控制器控制二次回风管上电动风阀开度，冷热转换由BA控制。
2. 对风机进行自动启、停控制并监测运行状态，发生故障时报警。
3. 新风管上电动调节阀和风机连锁控制。
4. 用压差传感器防止空气过滤器阻塞，阻塞时报警。
5. 根据室内空气二氧化碳浓度分级控制新风阀的开度。
6. 通过回风管上湿度传感器控制蒸汽管上的电动双位阀。

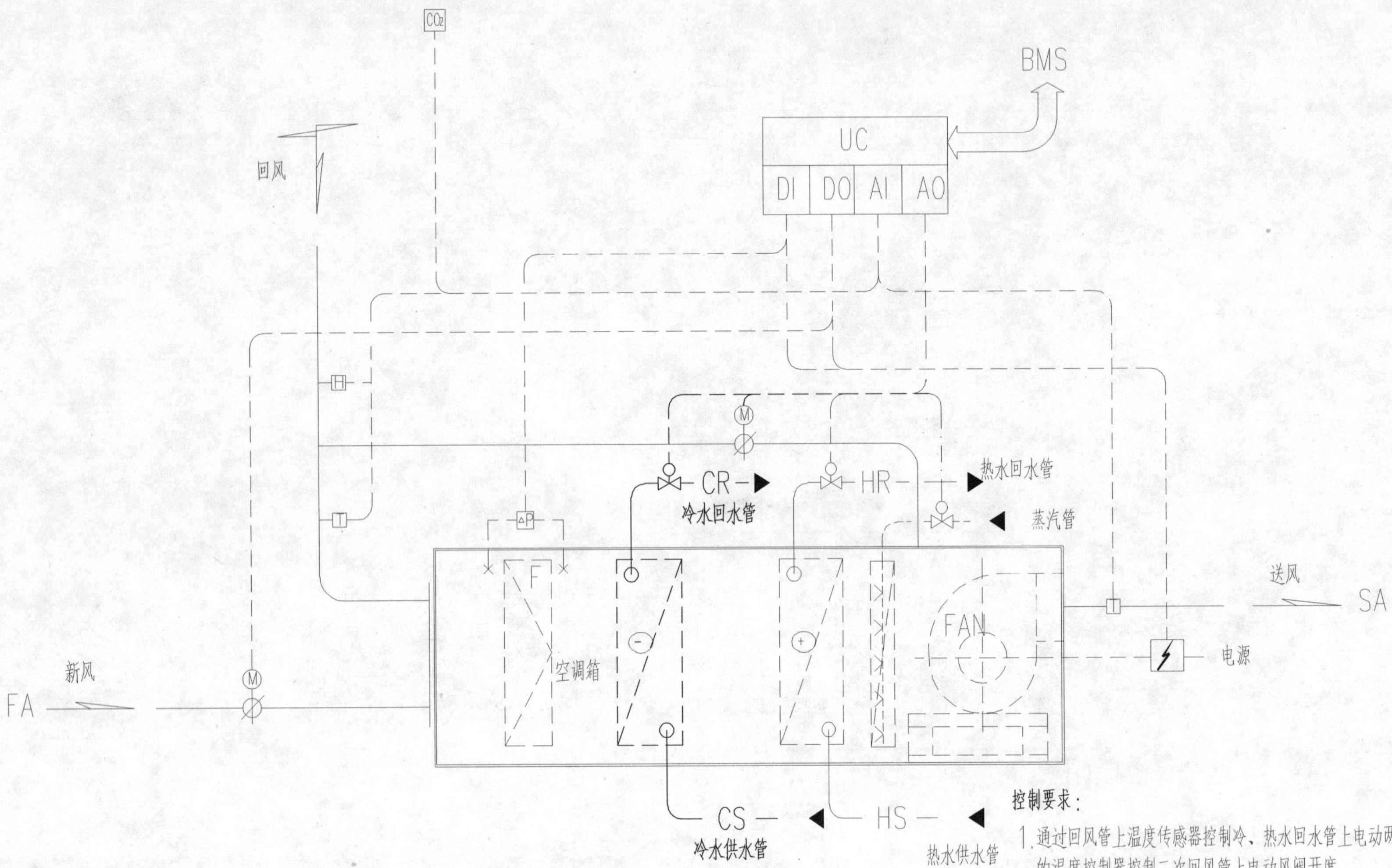

控制要求：

1. 通过回风管上温度传感器控制冷、热水回水管上电动两通阀.送风管上的温度控制器控制二次回风管上电动风阀开度.
2. 对风机进行自动启、停控制并监测运行状态,发生故障时报警.
3. 新风管上电动调节阀和风机连锁控制.
4. 用压差传感器防止空气过滤器阻塞,阻塞时报警.
5. 根据室内空气二氧化碳浓度分级控制新风阀的开度.
6. 通过回风管上湿度传感器控制蒸汽管上电动二通阀开度.

空调箱自控原理图(11)

4-2.011

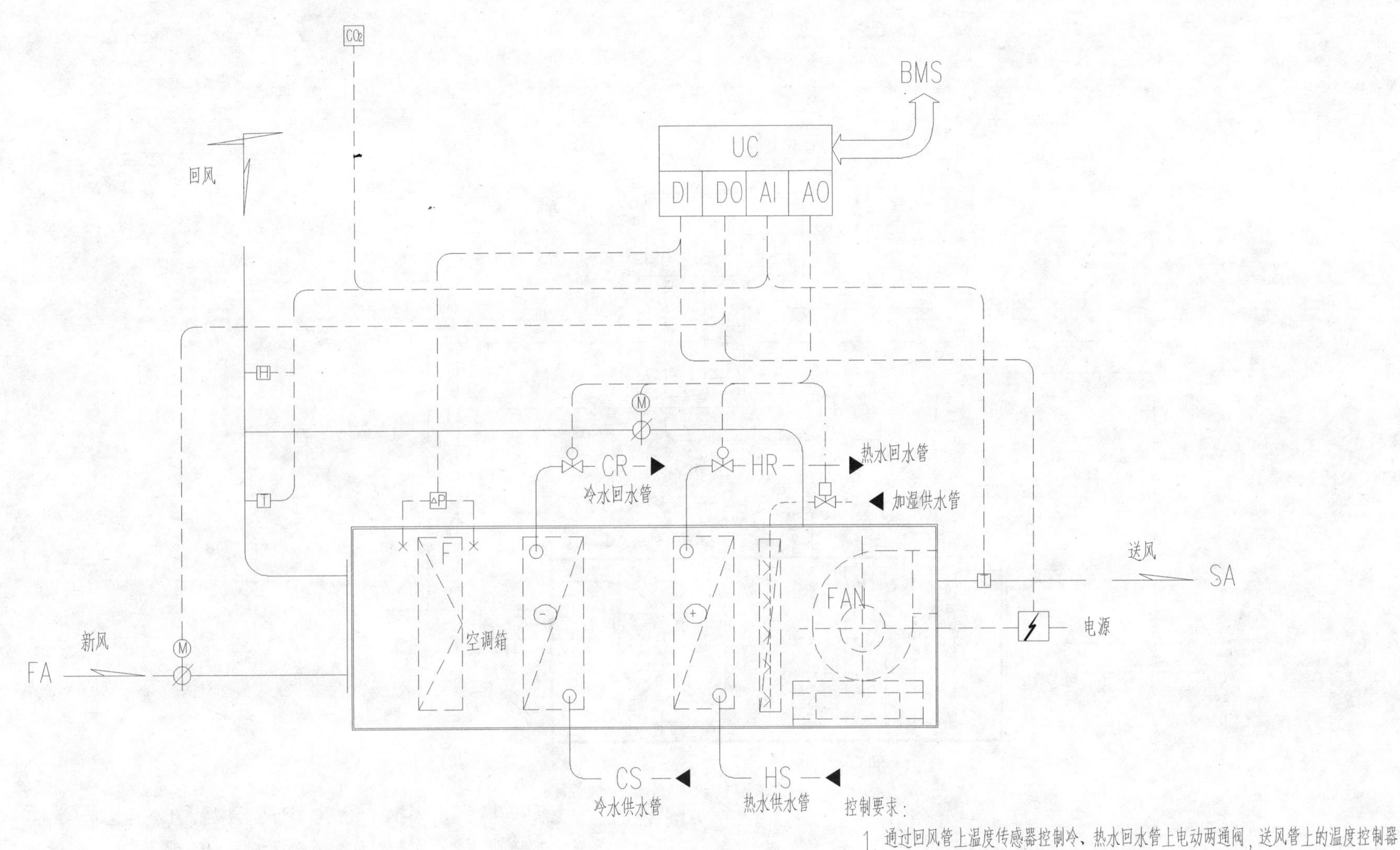

控制要求：

1. 通过回风管上温度传感器控制冷、热水回水管上电动两通阀，送风管上的温度控制器控制二次回风管上电动风阀开度。
2. 对风机进行自动启、停控制并监测运行状态，发生故障时报警。
3. 新风管上电动调节阀和风机连锁控制。
4. 用压差传感器防止空气过滤器阻塞，阻塞时报警。
5. 根据室内空气二氧化碳浓度分级控制新风阀的开度。
6. 通过回风管上湿度传感器控制蒸汽管上的电动双位阀。

空调箱自控原理图(12)

4-2.012

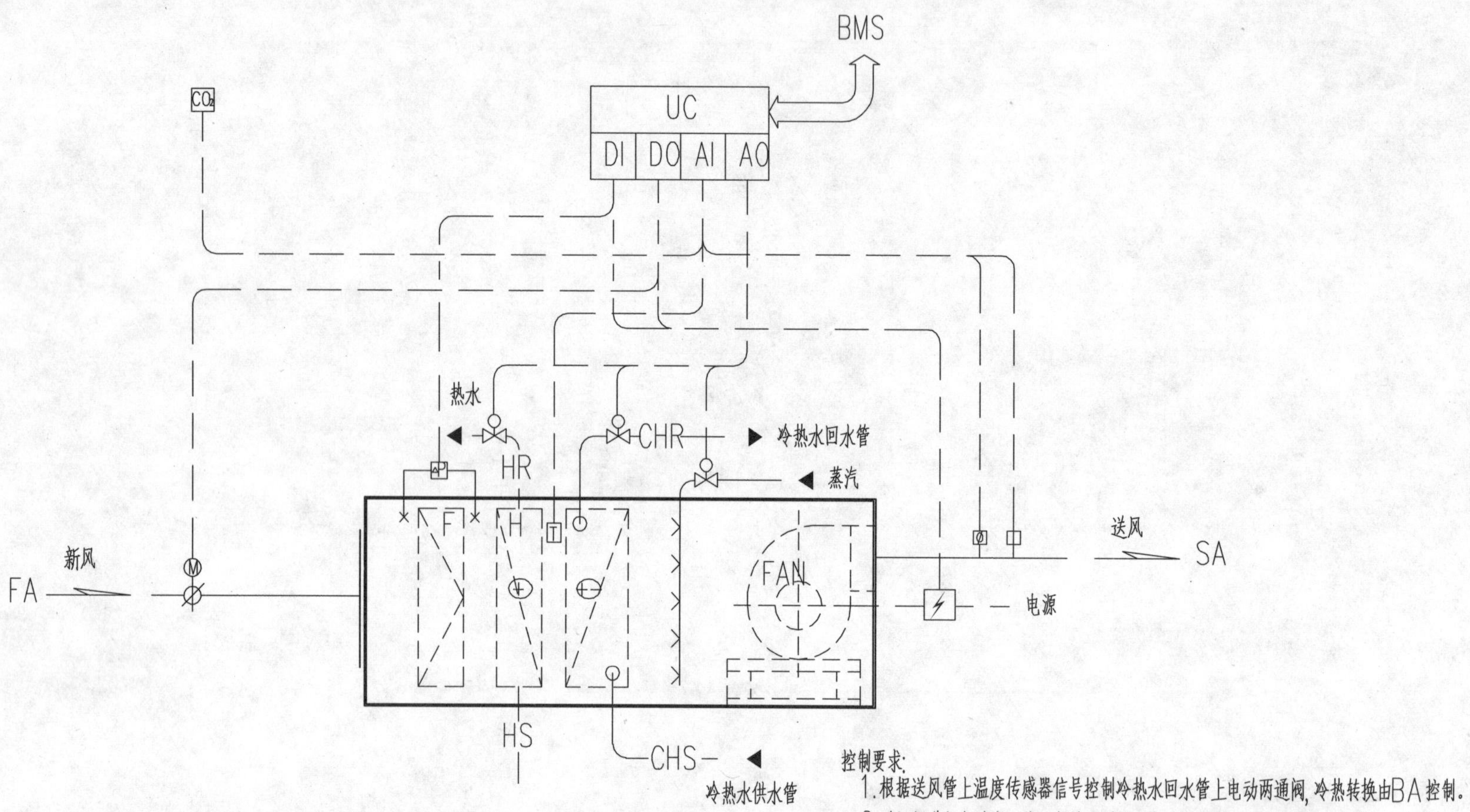

控制要求:

1.根据送风管上温度传感器信号控制冷热水回水管上电动两通阀,冷热转换由BA控制.

2.对风机进行自动启、停控制并监测手、自动运行状态,发生故障时报警.

3.新风管上电动双位风阀与水管上电动两通阀与风机启停连锁控制.

4.用压差传感器作空气过滤器阻塞报警.

5.根据室内二氧化碳浓度传感器控制风机启停.(可选)

6.通过送风管上湿度传感器控制蒸汽电动调节阀.(可选)

7.通过预热盘管后的温度传感器控制预热热水回水管上的电动两通阀.(可选)

新风空调箱自控原理图(1)

4-3.001

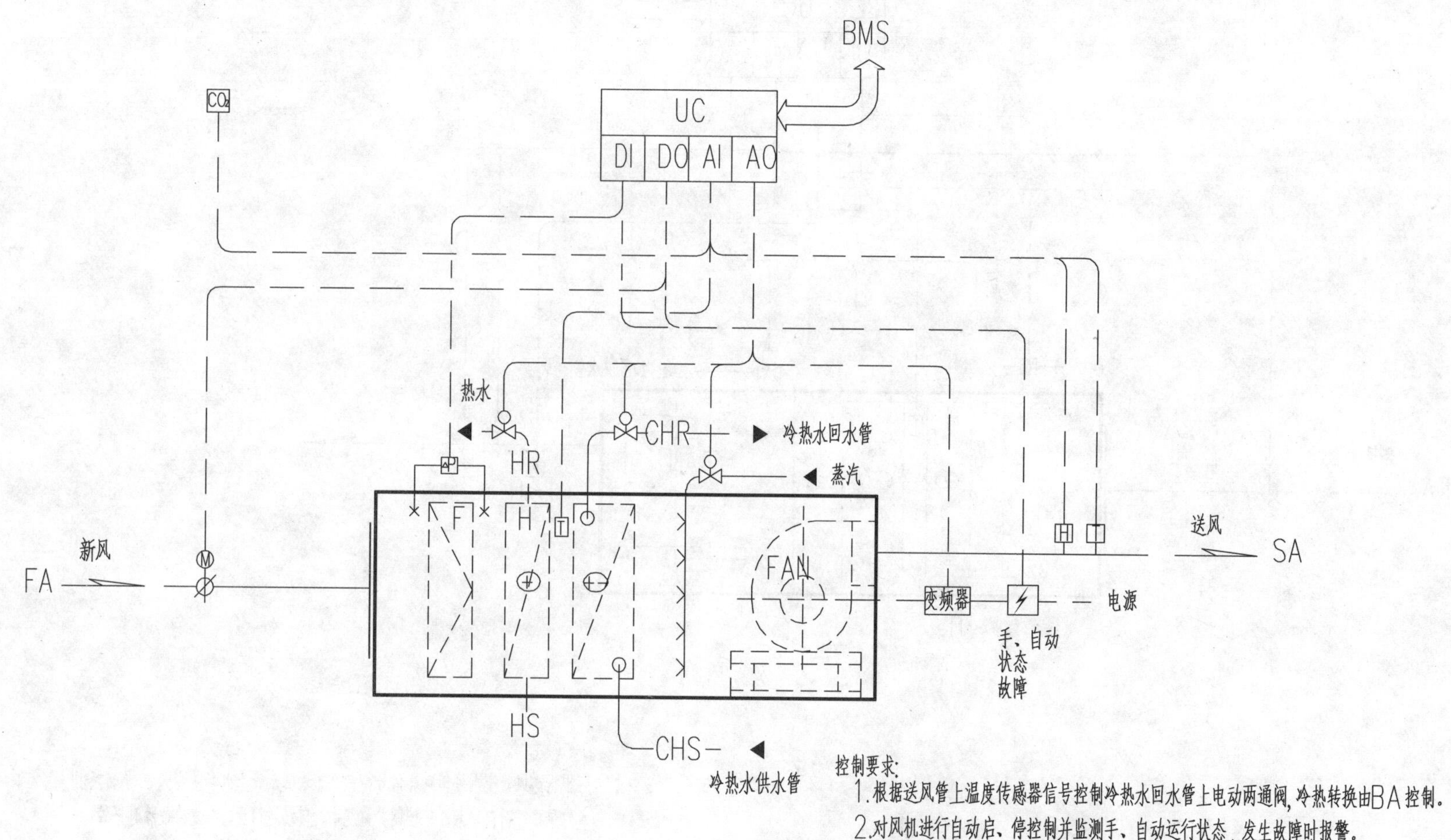

新风空调箱自控原理图(2)

4-3.002

控制要求:

1.根据送风管上温度传感器信号控制冷热水回水管上电动两通阀,冷热转换由BA控制。

2.对风机进行自动启、停控制并监测手、自动运行状态,发生故障时报警。

3.新风管上电动双位风阀与水管上电动两通阀与风机启停连锁控制。

4.用压差传感器作空气过滤器阻塞报警。

5.根据室内二氧化碳浓度传感器,或排风机联锁信号控制风机变速运行。

6.通过送风管上湿度传感器控制蒸汽电动调节阀。(可选)

7.通过预热盘管后的温度传感器控制预热热水回水管上的电动两通阀。(可选)

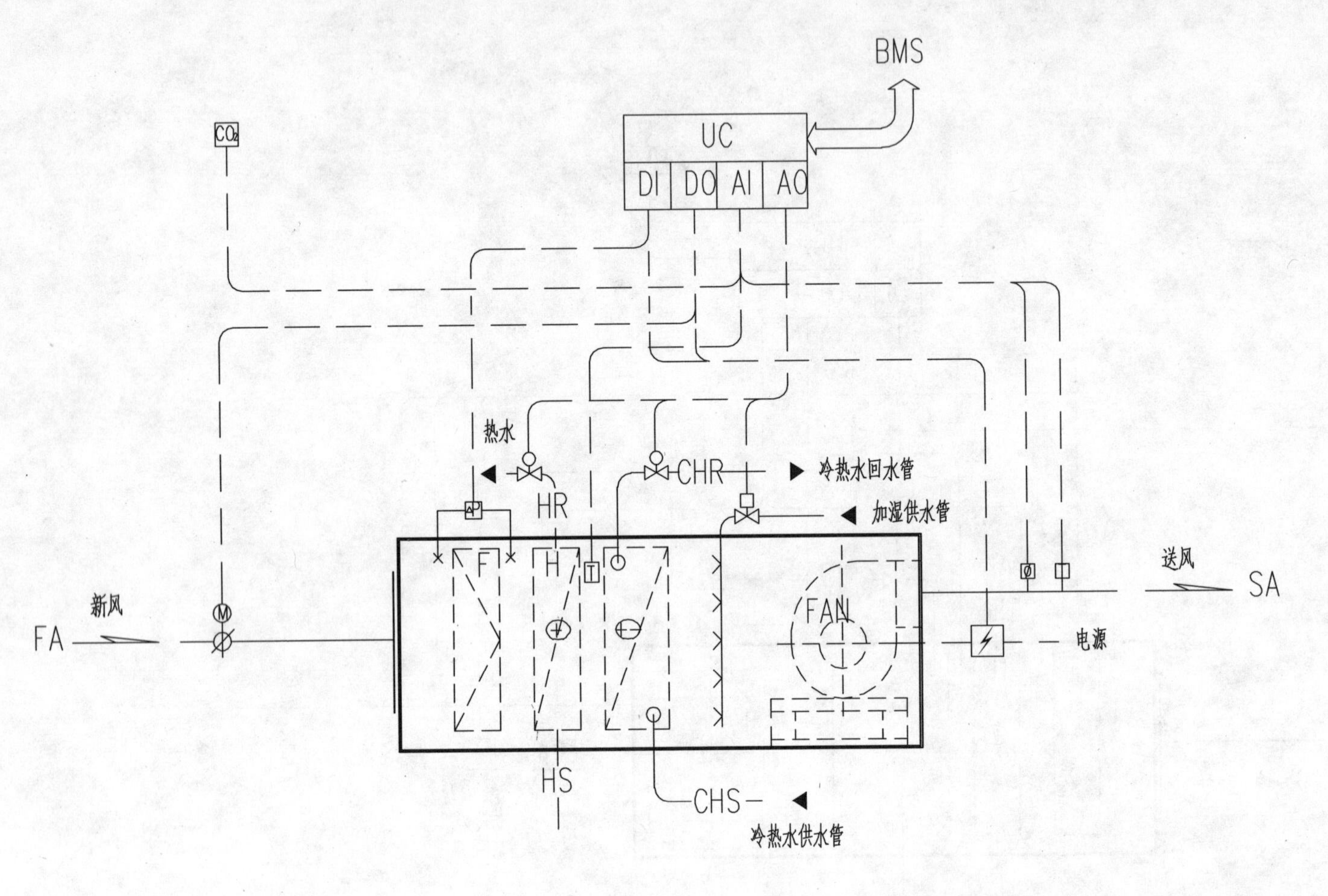

控制要求:

1. 根据送风管上温度传感器信号控制冷热水回水管上电动两通阀, 冷热转换由BA控制.
2. 对风机进行自动启、停控制并监测手、自动运行状态, 发生故障时报警.
3. 新风管上电动双位风阀与水管上电动两通阀与风机启停连锁控制.
4. 用压差传感器作空气过滤器阻塞报警.
5. 根据室内二氧化碳浓度传感器控制风机启停.(可选)
6. 通过送风管上湿度传感器控制加湿供水管上的电动双位阀.(可选)
7. 通过预热盘管后的温度传感器控制预热热水回水管上的电动两通阀.(可选)

新风空调箱自控原理图(3)

4-3.003

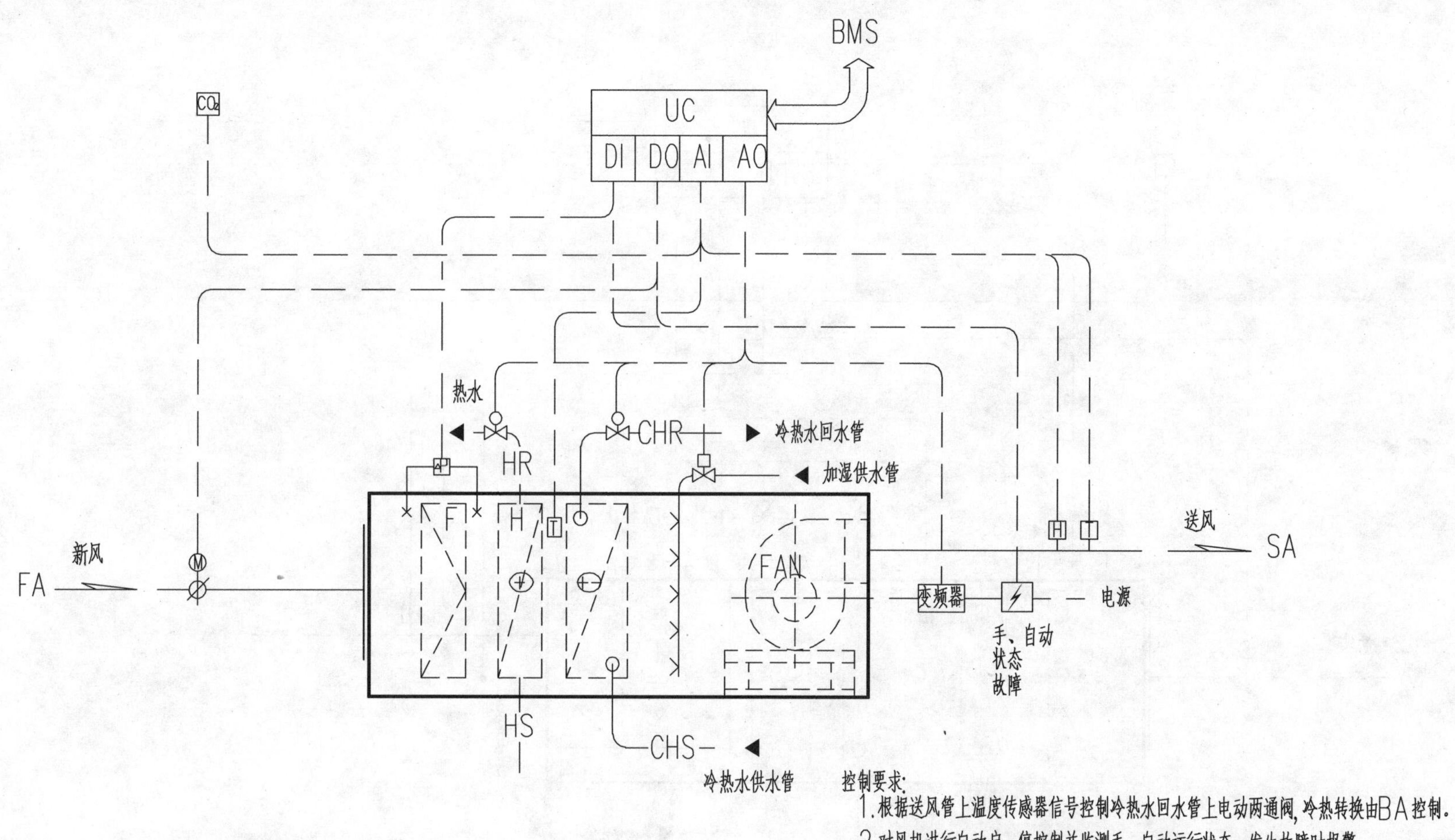

控制要求:

1. 根据送风管上温度传感器信号控制冷热水回水管上电动两通阀, 冷热转换由BA控制.
2. 对风机进行自动启、停控制并监测手、自动运行状态, 发生故障时报警.
3. 新风管上电动双位风阀与水管上电动两通阀与风机启停连锁控制.
4. 用压差传感器作空气过滤器阻塞报警.
5. 根据室内二氧化碳浓度传感器, 或排风机连锁信号控制风机变速运行.
6. 通过送风管上湿度传感器控制加湿供水管上的电动双位阀. (可选)
7. 通过预热盘管后的温度传感器控制预热热水回水管上的电动两通阀. (可选)

新风空调箱自控原理图(4)

4-3.004

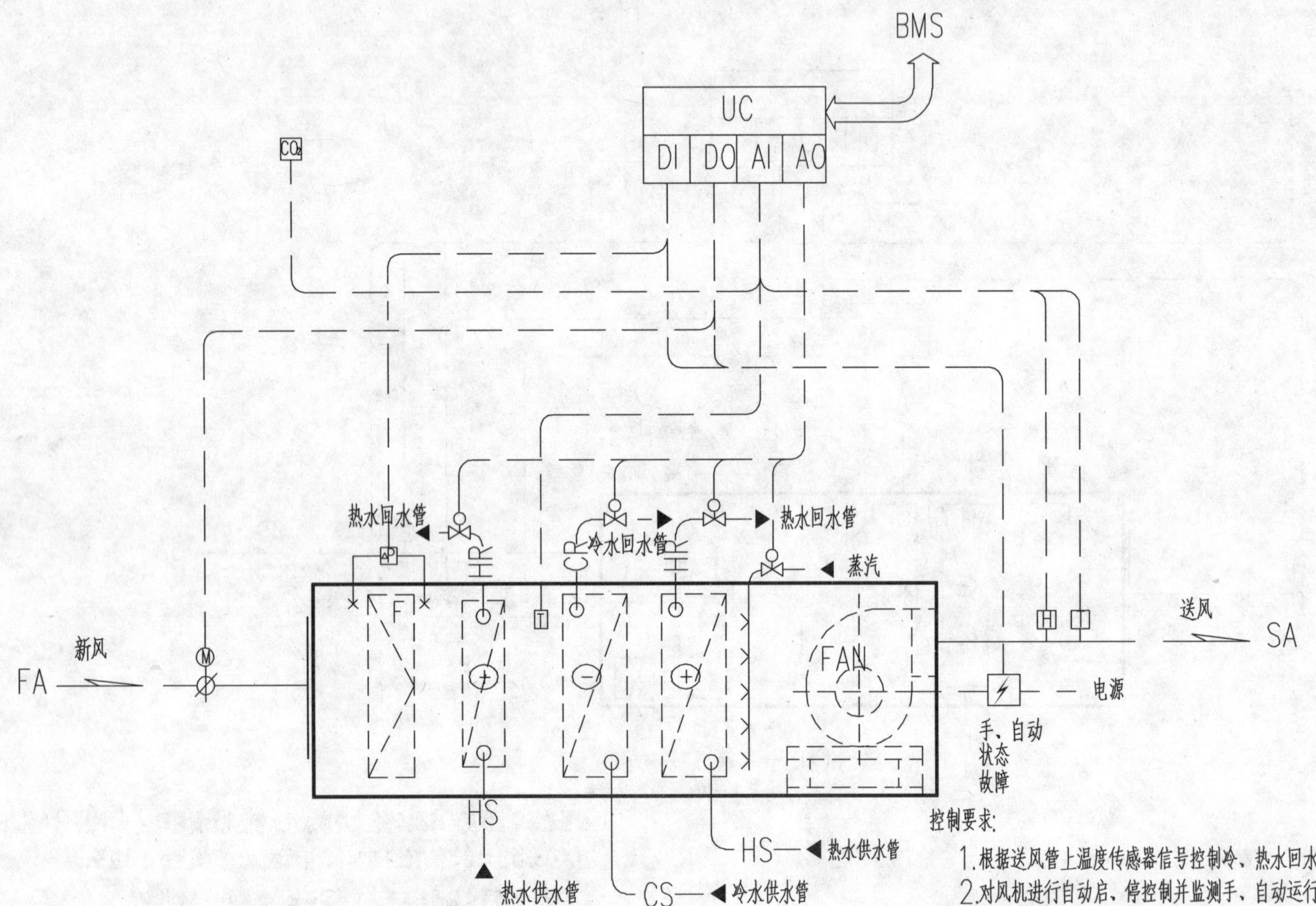

控制要求:

1. 根据送风管上温度传感器信号控制冷、热水回水管上电动两通阀。
2. 对风机进行自动启、停控制并监测手、自动运行状态，发生故障时报警。
3. 新风管上电动双位风阀与水管上电动两通阀与风机启停连锁控制。
4. 用压差传感器作空气过滤器阻塞报警。
5. 根据室内二氧化碳浓度传感器控制风机启停。(可选)
6. 通过送风管上湿度传感器控制蒸汽电动调节阀。(可选)
7. 通过预热盘管后的温度传感器控制预热热水回水管上的电动两通阀。(可选)

新风空调箱自控原理图(5)

4-3.005

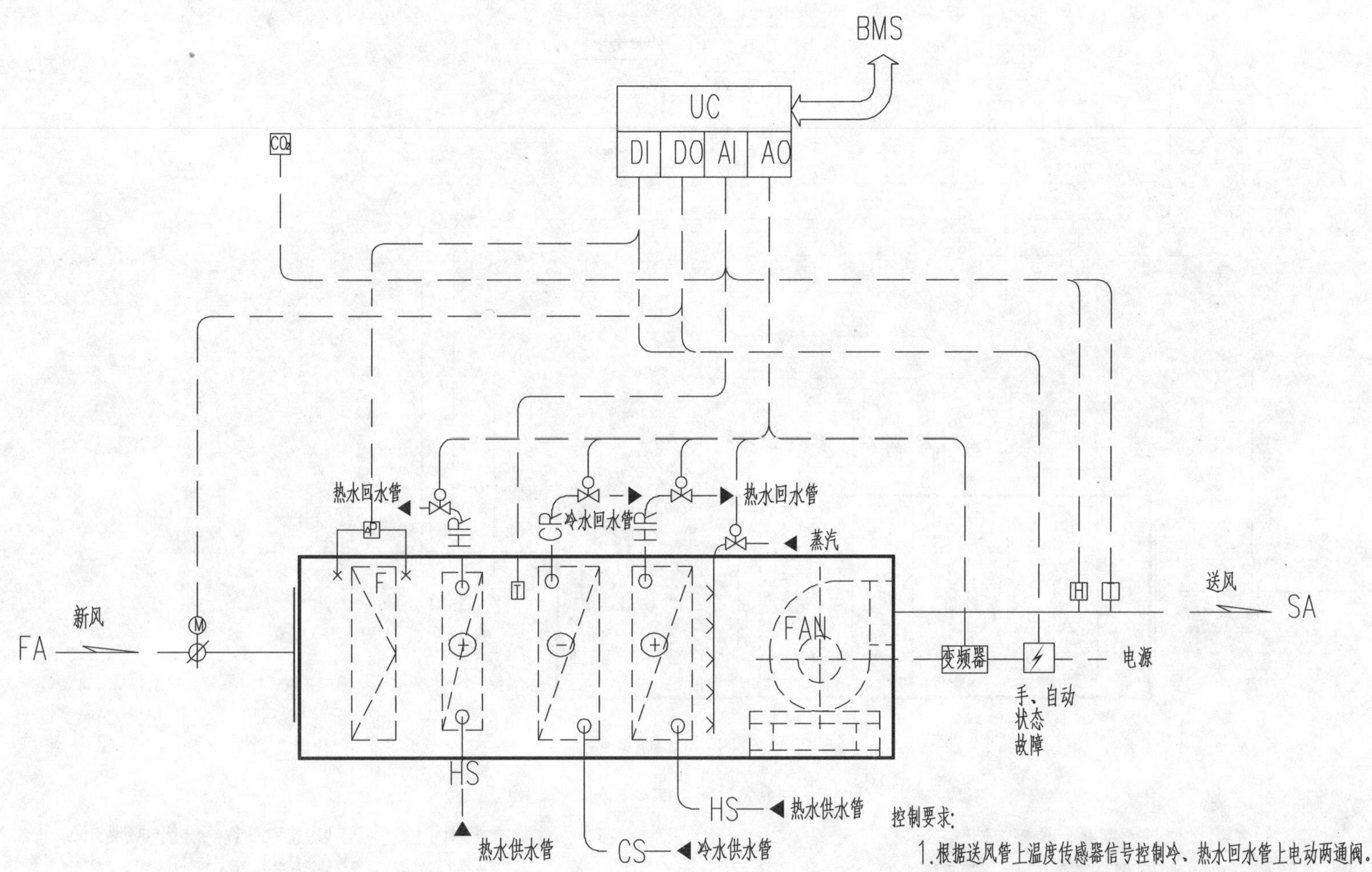

控制要求:

1. 根据送风管上温度传感器信号控制冷、热水回水管上电动两通阀。
2. 对风机进行自动启、停控制并监测手、自动运行状态,发生故障时报警。
3. 新风管上电动双位风阀与水管上电动两通阀与风机启停连锁控制。
4. 用压差传感器作空气过滤器阻塞报警。
5. 根据室内二氧化碳浓度传感器,或排风机连锁信号控制风机变速运行。
6. 通过送风管上湿度传感器控制蒸汽电动调节阀。(可选)
7. 通过预热盘管后的温度传感器控制预热热水回水管上的电动两通阀。(可选)

新风空调箱自控原理图(6)

4-3.006

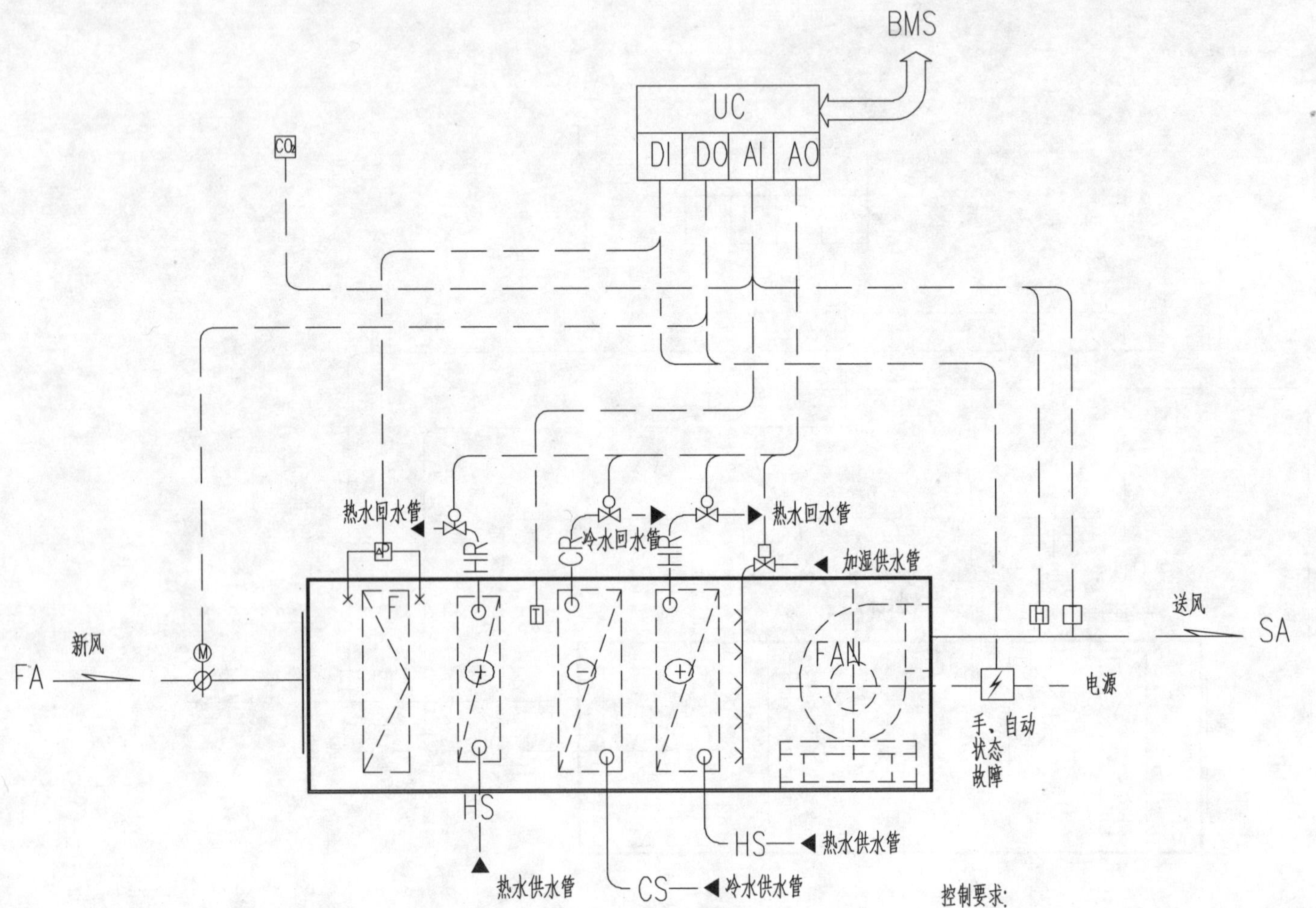

新风空调箱自控原理图(7)

4-3.007

控制要求:

1. 根据送风管上温度传感器信号控制冷、热水回水管上电动两通阀。
2. 对风机进行自动启、停控制并监测手、自动运行状态,发生故障时报警。
3. 新风管上电动双位风阀与水管上电动两通阀与风机启停连锁控制。
4. 用压差传感器作空气过滤器阻塞报警。
5. 根据室内二氧化碳浓度传感器控制风机启停。(可选)
6. 通过送风管上湿度传感器控制加湿供水管上电动双位阀。(可选)
7. 通过预热盘管后的温度传感器控制预热热水回水管上的电动两通阀。(可选)

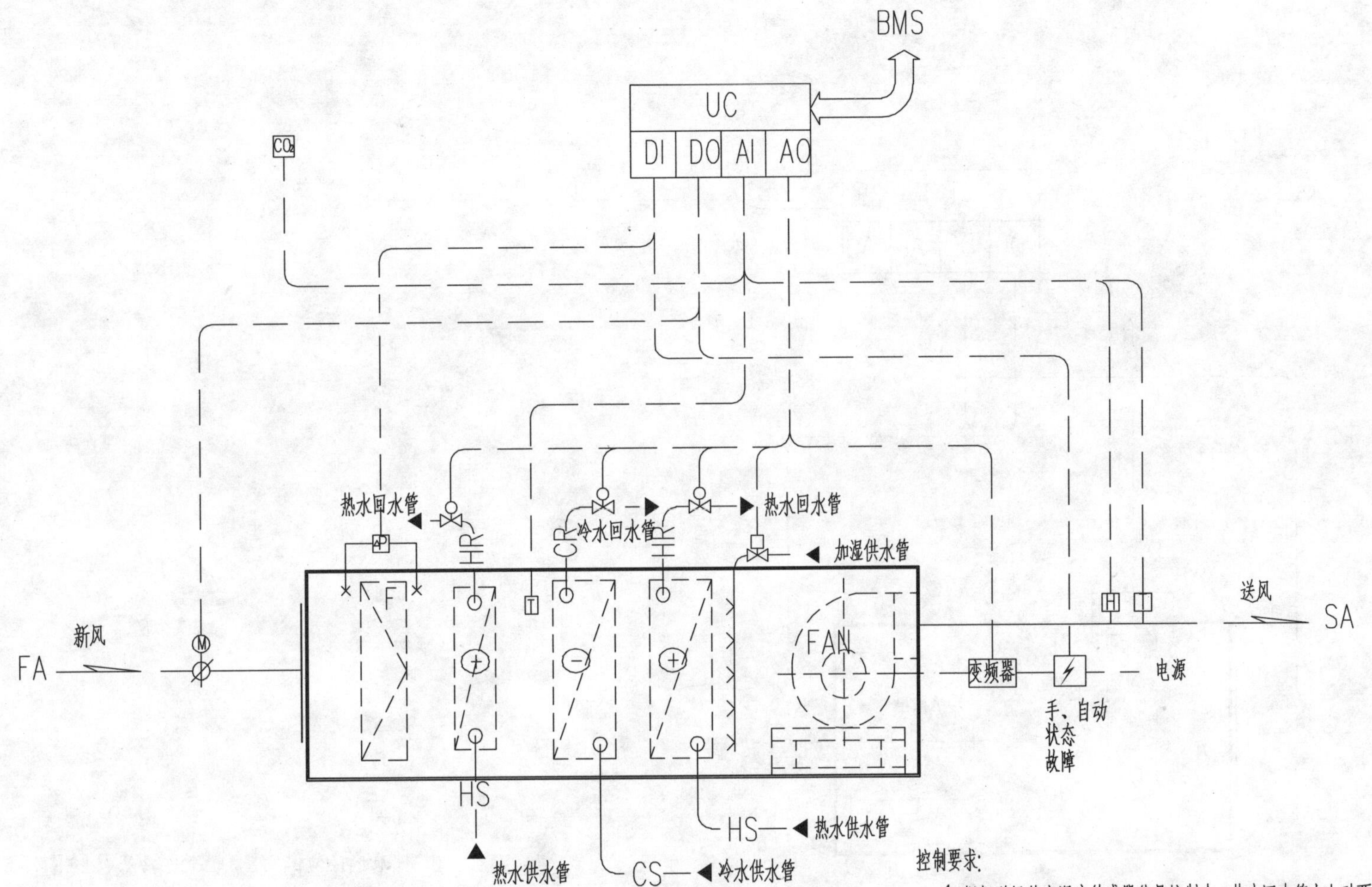

新风空调箱自控原理图(8)

4-3.008

控制要求:

1.根据送风管上温度传感器信号控制冷、热水回水管上电动两通阀。

2.对风机进行自动启、停控制并监测手、自动运行状态，发生故障时报警。

3.新风管上电动双位风阀与水管上电动两通阀与风机启停连锁控制。

4.用压差传感器作空气过滤器阻塞报警。

5.根据室内二氧化碳浓度传感器，或排风机连锁信号控制风机变速运行。

6.通过送风管上湿度传感器控制加湿供水管上的电动双位阀。(可选)

7.通过预热盘管后的温度传感器控制预热热水回水管上的电动两通阀。(可选)

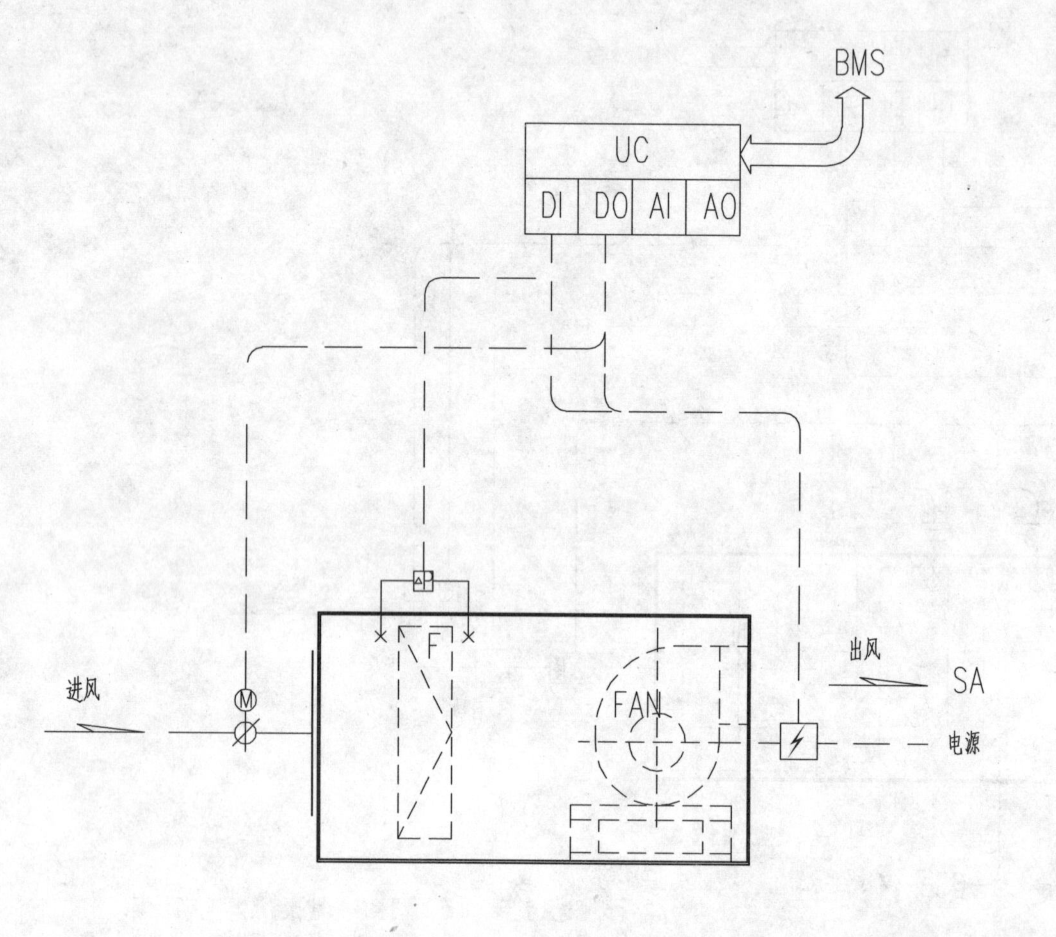

控制要求：

1.对风机进行自动启、停控制并监测运行状态，发生故障时报警。

2.用压差传感器防止空气过滤器阻塞，阻塞时报警。

3.风管上电动调节阀和风机连锁控制。（可选）

送风机自控原理图(1)
4-4.001

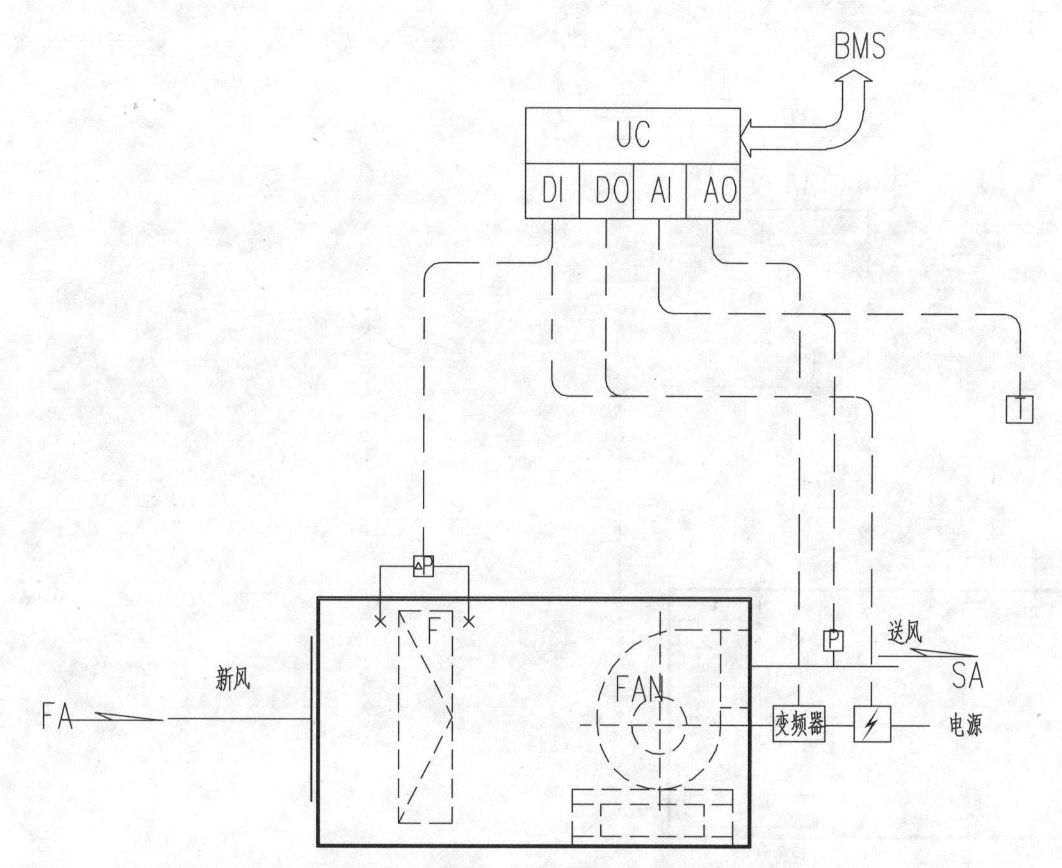

控制要求:

1.对风机进行自动启、停控制并监测运行状态,发生故障时报警.

2.用压差传感器防止空气过滤器阻塞,阻塞时报警.(可选)

3. 根据出风管上压力传感器控制变频器改变风量.

4. 根据室内温度传感器信号控制风机变速运行.

送风机自控原理图(2)

4-4.002

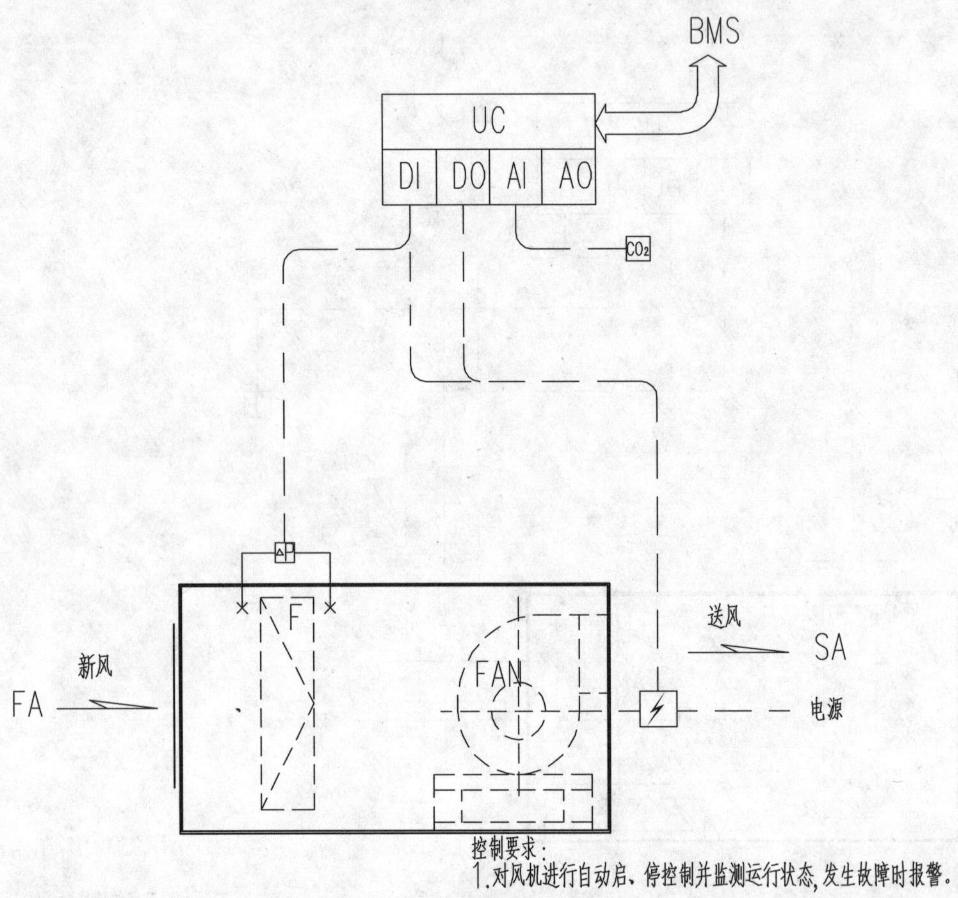

控制要求：

1.对风机进行自动启、停控制并监测运行状态,发生故障时报警。

2.根据室内空气二氧化碳浓度控制风机运行。

3.用压差传感器防止空气过滤器阻塞,阻塞时报警。(可选)

通风机自控原理图(1)
4-4.003

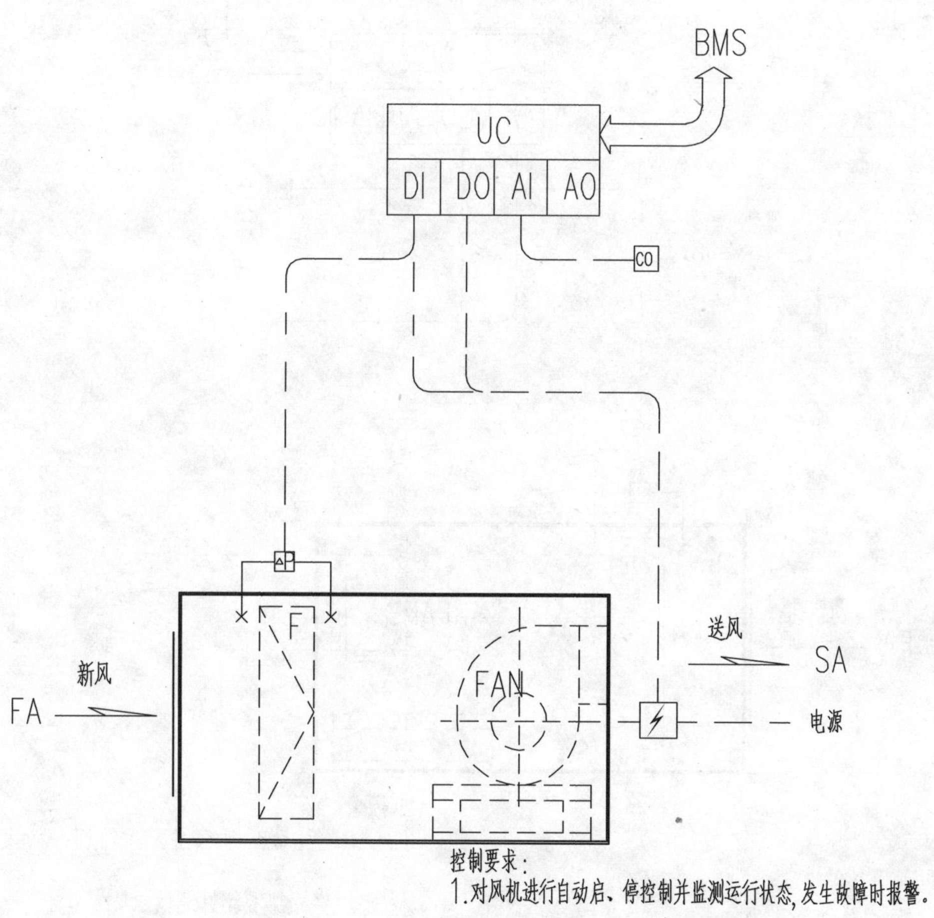

控制要求：
1.对风机进行自动启、停控制并监测运行状态，发生故障时报警。

2.根据室内空气一氧化碳浓度控制风机运行。

3.用压差传感器防止空气过滤器阻塞，阻塞时报警。（可选）

通风机自控原理图(2)
4-4.004

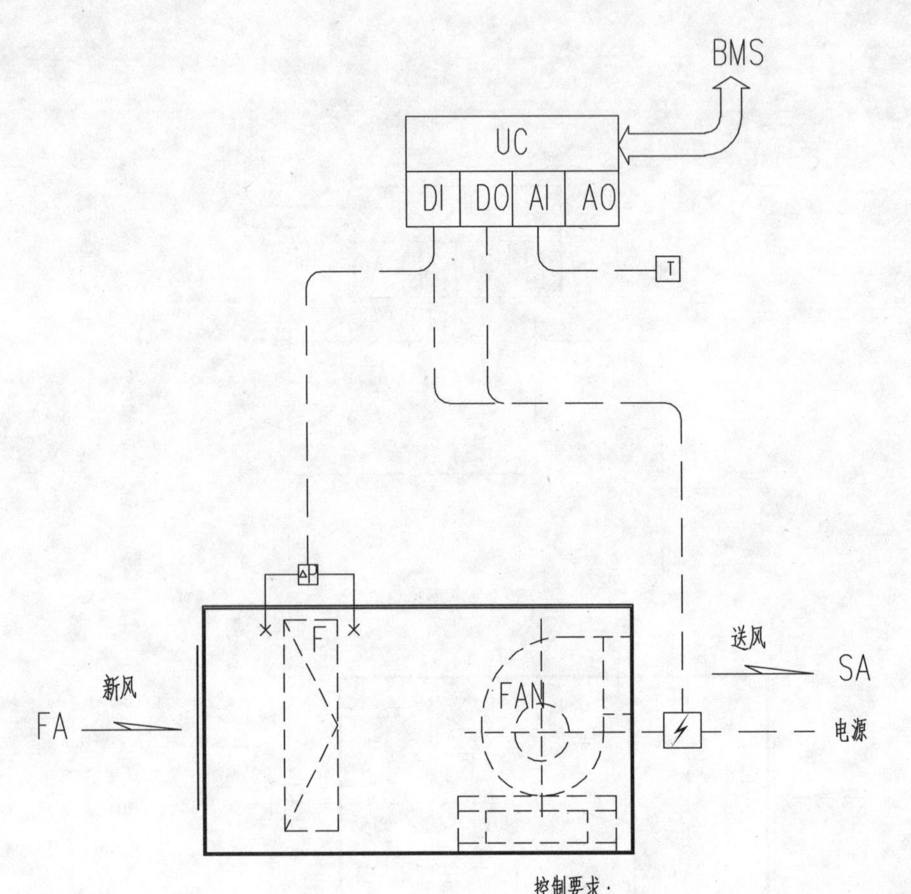

控制要求:

1.对风机进行自动启、停控制并监测运行状态,发生故障时报警。

2.根据室内空气温度控制风机运行。

3.用压差传感器防止空气过滤器阻塞,阻塞时报警。(可选)

通风机自控原理图(3)

4-4.005

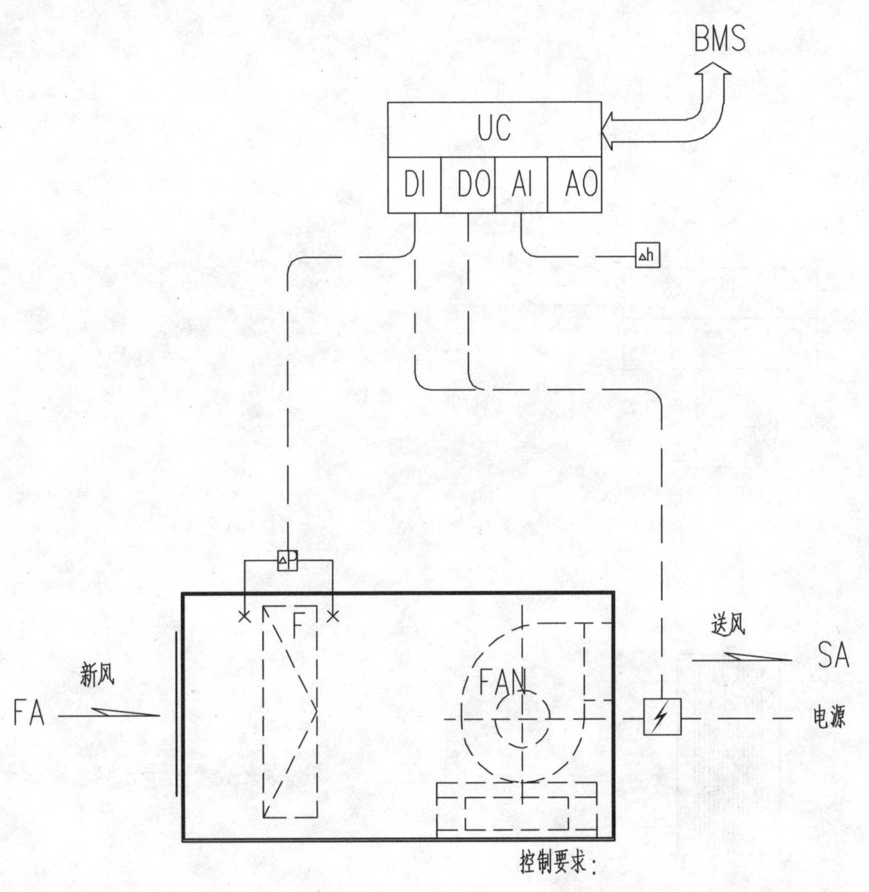

控制要求：

1.对风机进行自动启、停控制并监测运行状态，发生故障时报警。

2.根据室内外空气焓差控制风机运行。

3.用压差传感器防止空气过滤器阻塞，阻塞时报警。(可选)

通风机自控原理图(4)

4-4.006

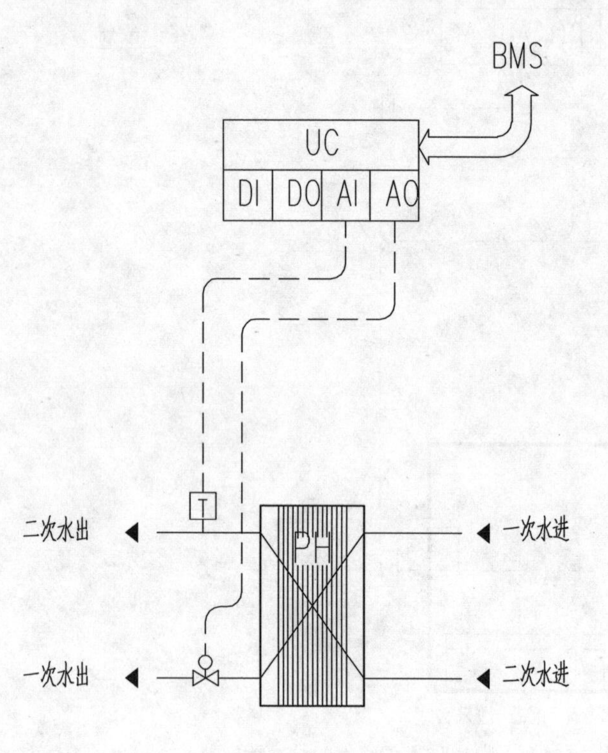

控制要求：

通过二次水出水管上温度传感器控制一次水出水管上电动两通阀。

板式换热器自控原理图

4-5.001

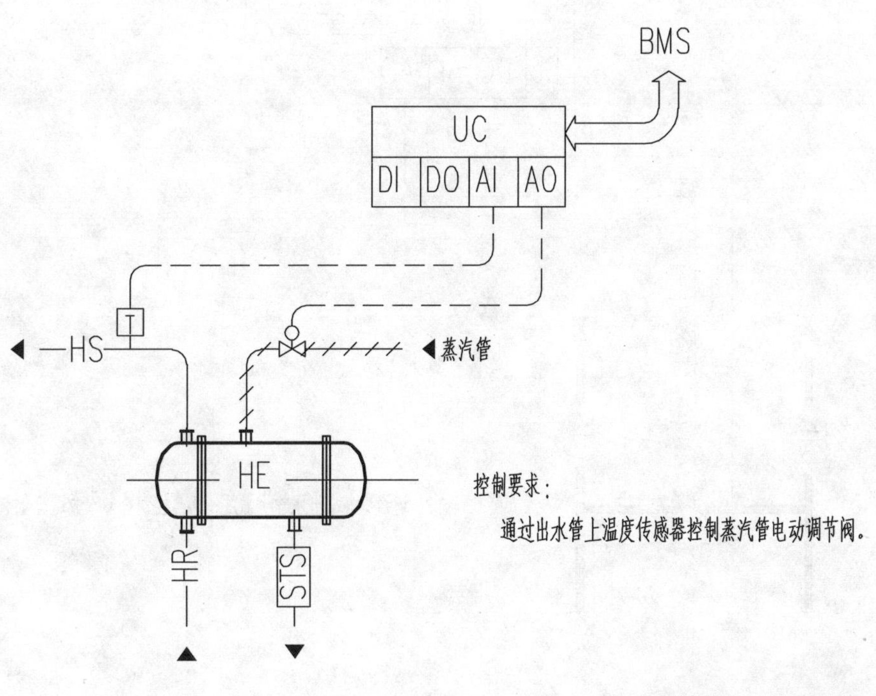

汽水换热器自控原理图

4-5.001

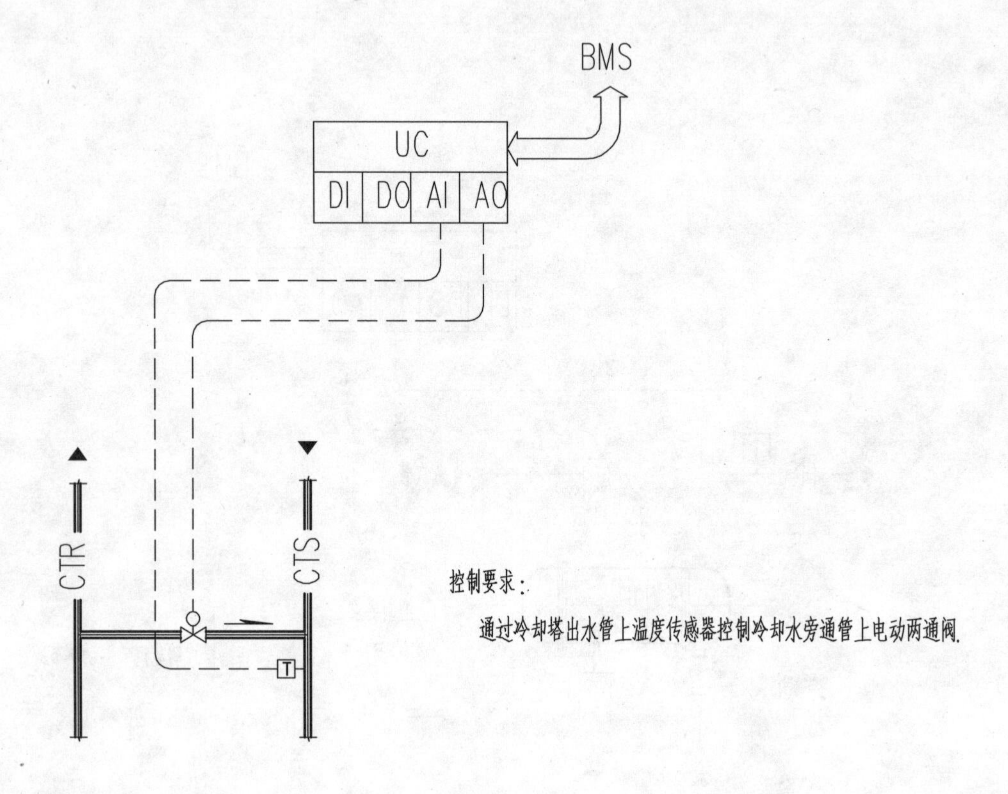

控制要求：

通过冷却塔出水管上温度传感器控制冷却水旁通管上电动两通阀.

冷却水温度旁通自控原理图

4-6.001

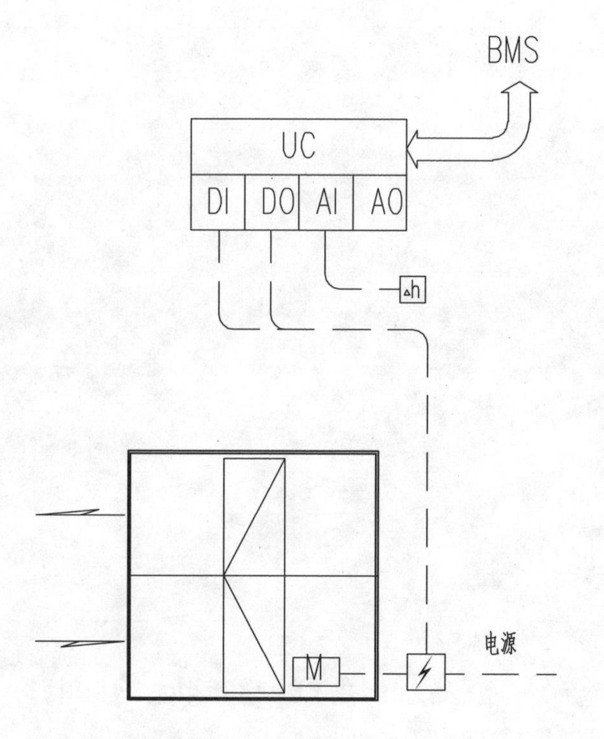

控制要求：

1.对设备进行自动启、停控制并监测运行状态，发生故障时报警。

2.根据室内外空气焓差控制设备的启停。

能量回收装置自控原理图

4-6.002

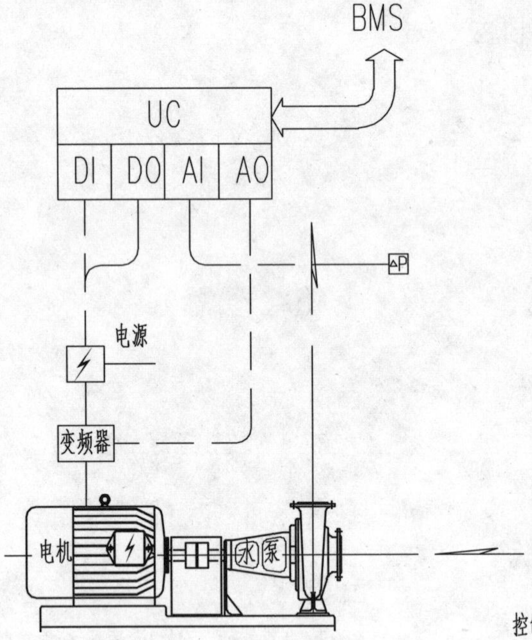

控制要求：

1.对水泵进行自动启、停控制并监测运行状态，发生故障时报警。

2.根据最不利环路末端的压差控制水泵变频器。

水泵自控原理图

4-6.003

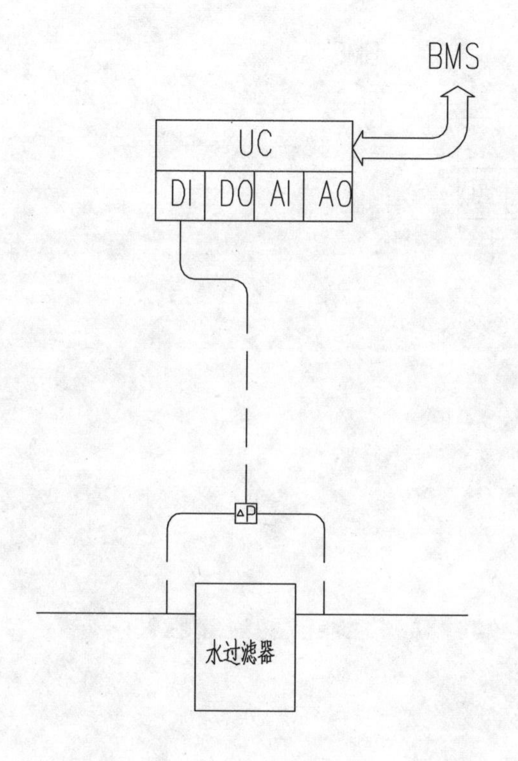

控制要求：
通过压差传感器防止水过滤器阻塞，阻塞时报警。

水过滤器自控原理图
4-6.004

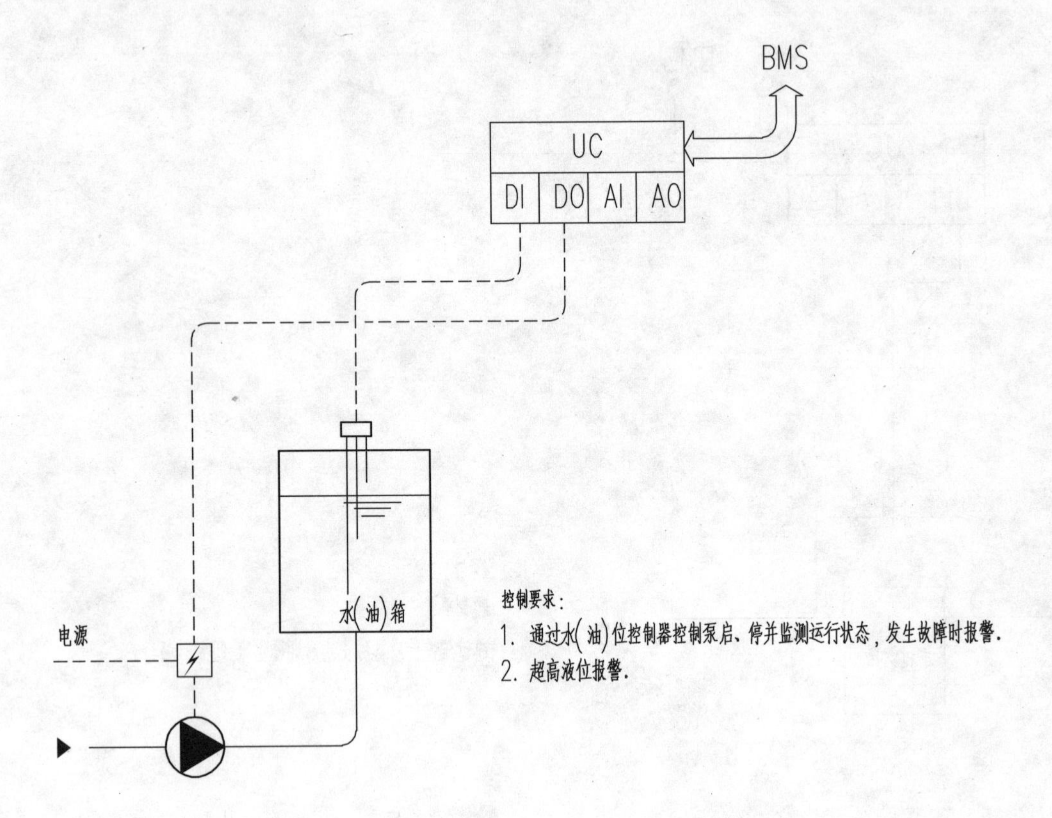

控制要求:

1. 通过水(油)位控制器控制泵启、停并监测运行状态,发生故障时报警.
2. 超高液位报警.

水(油)箱自控原理图

4-6.005

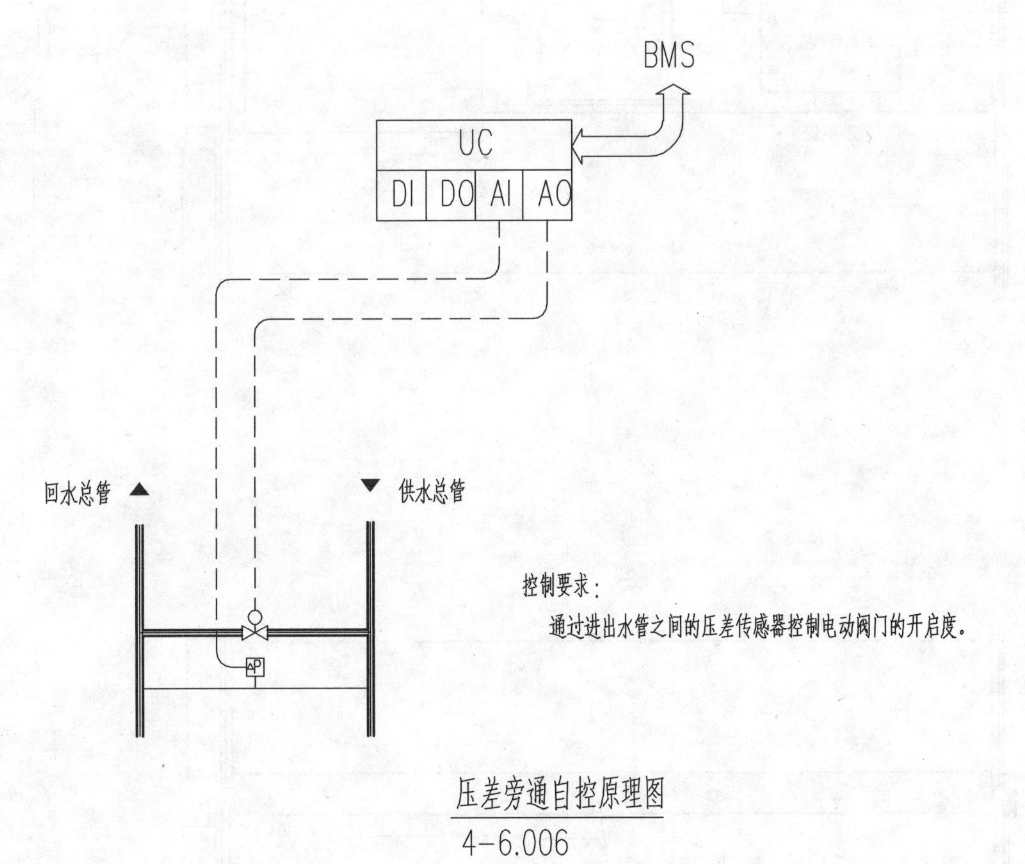

控制要求：

通过进出水管之间的压差传感器控制电动阀门的开启度。

压差旁通自控原理图

4-6.006

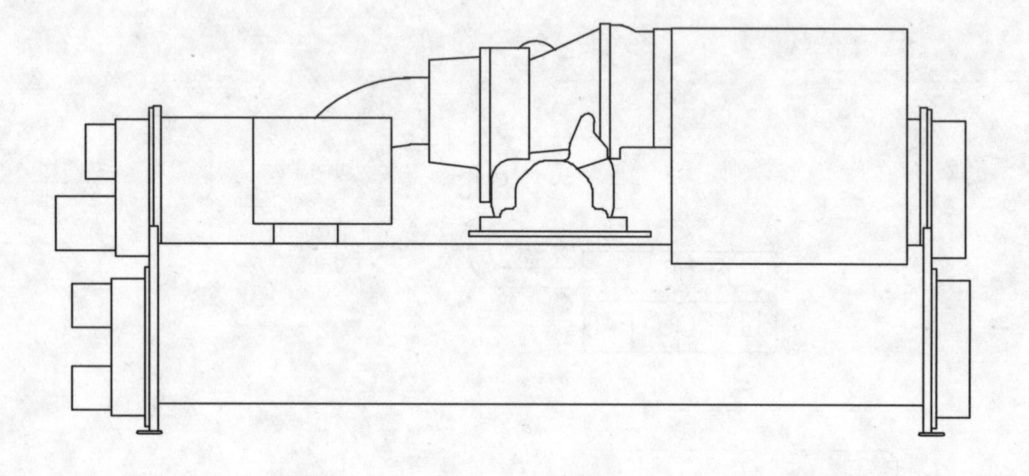

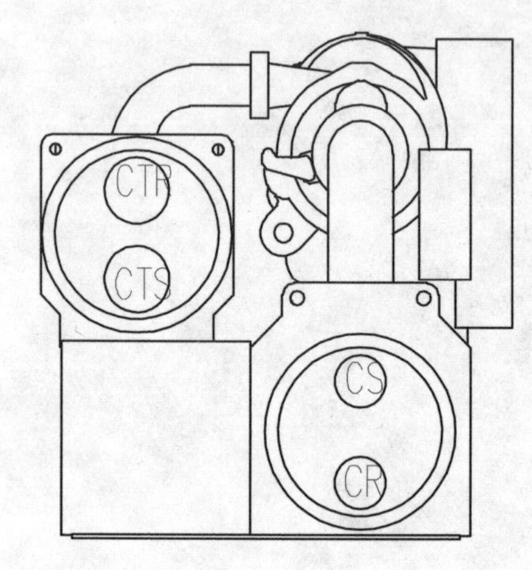

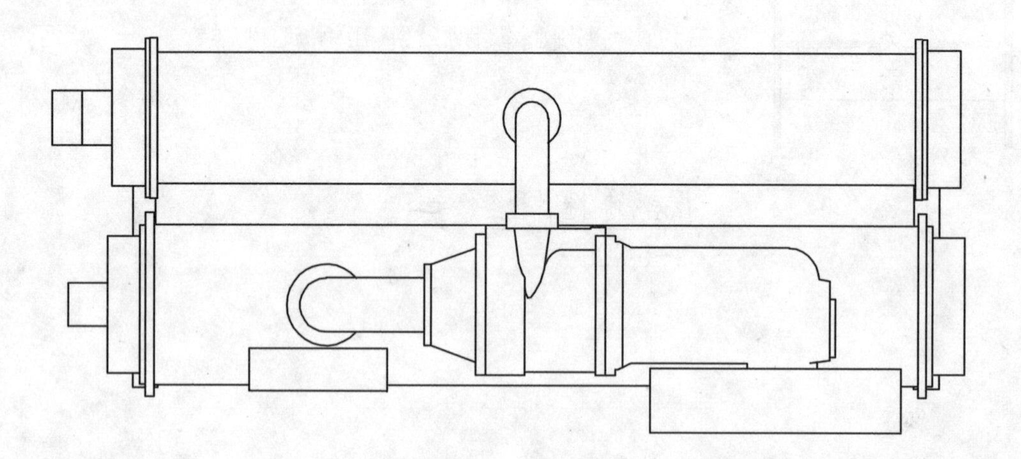

TRANE二级离心冷水机组
5-1-001.001

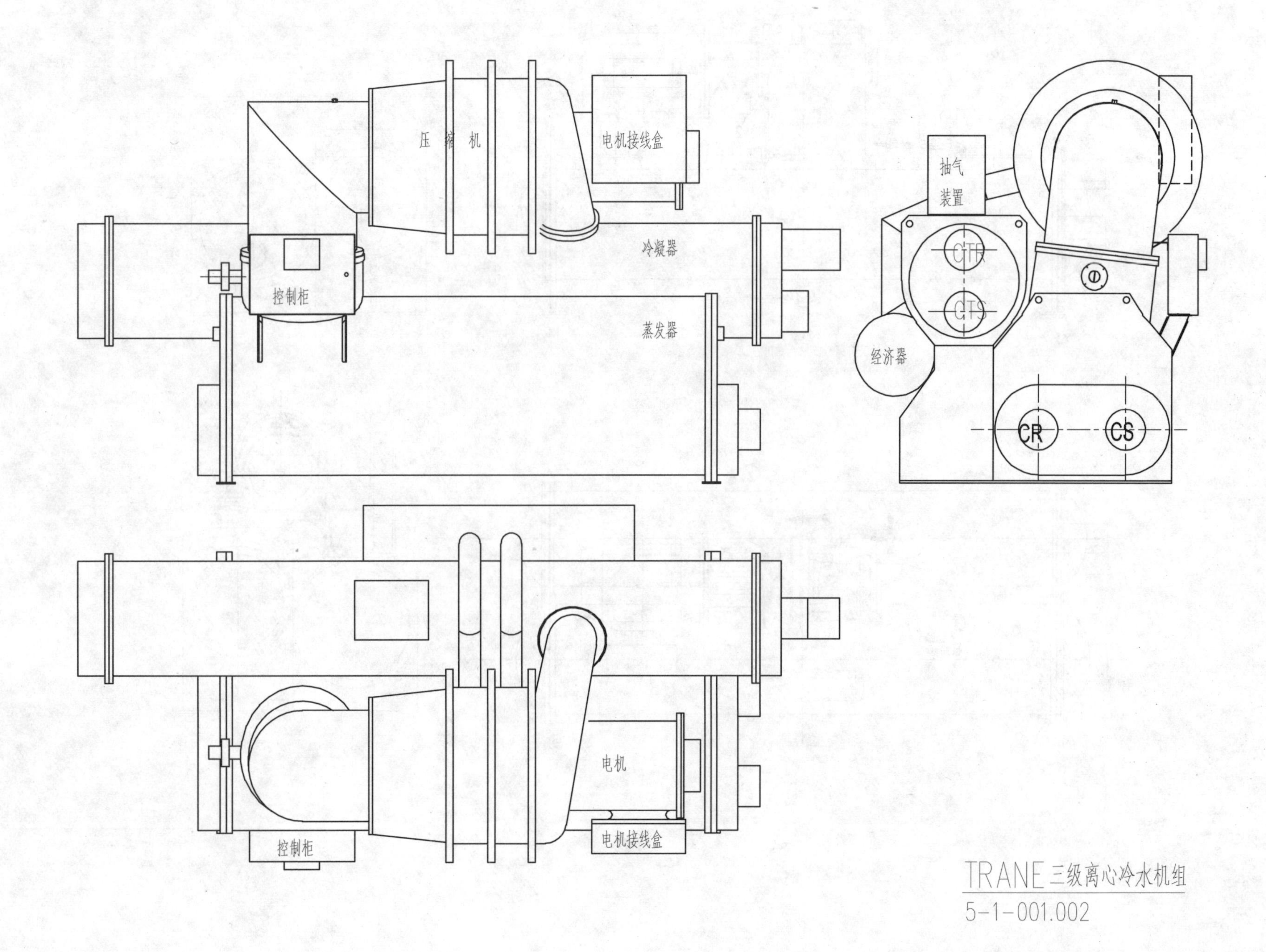

TRANE三级离心冷水机组

5-1-001.002

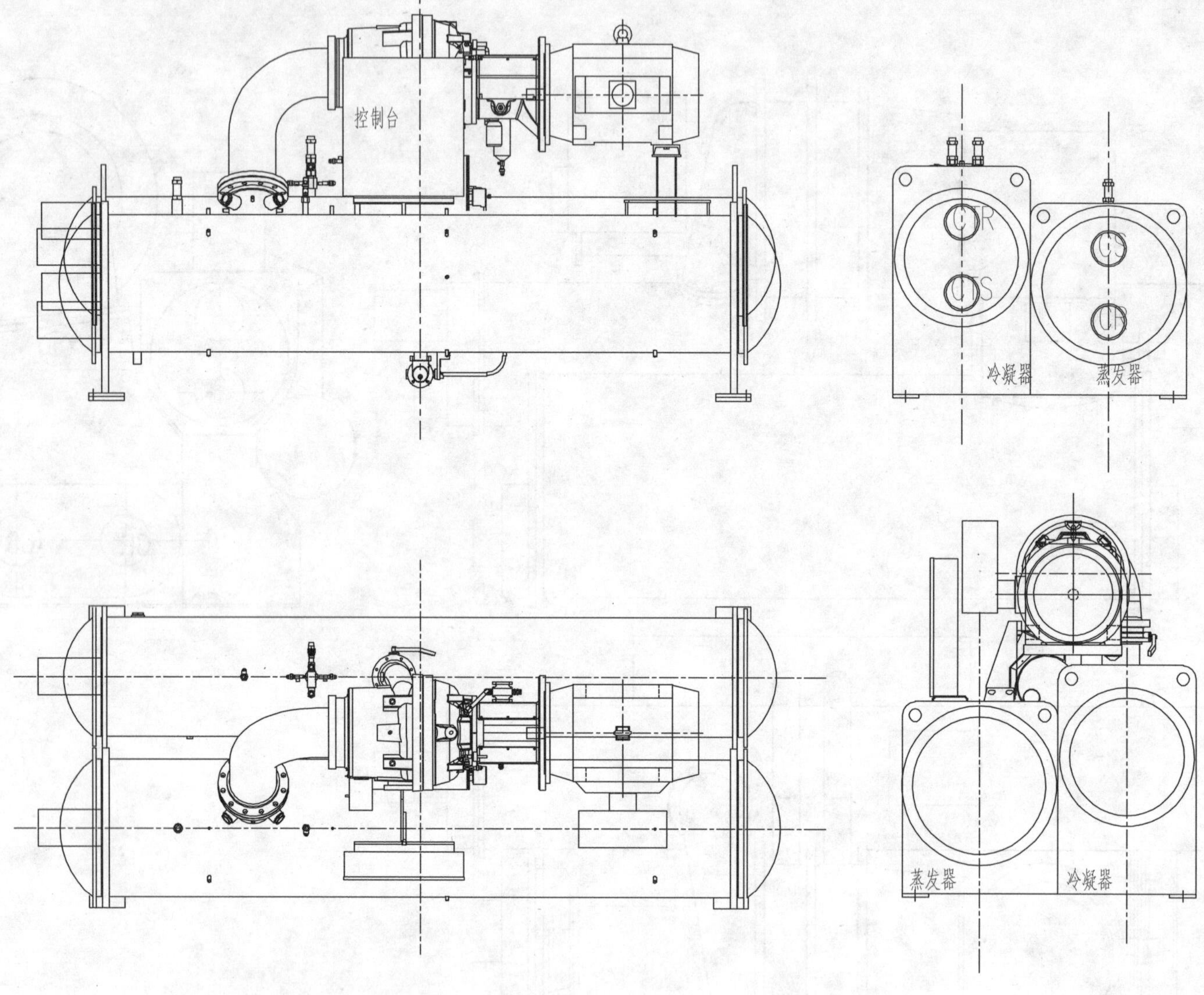

YORK 离心式冷水机组

5-1-001.003

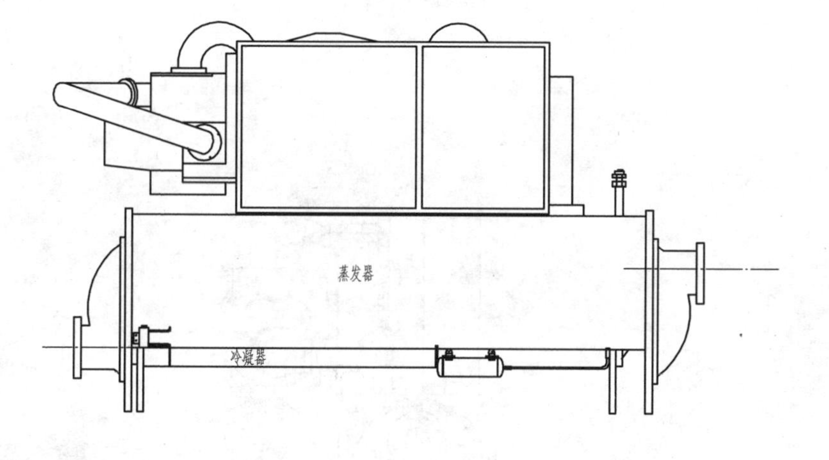

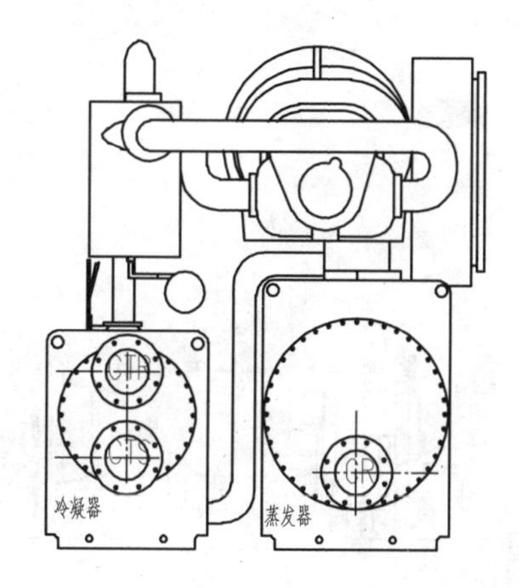

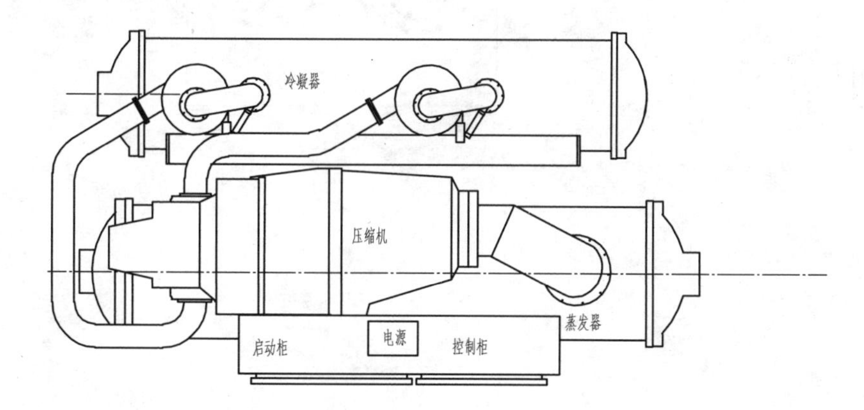

TRANE螺杆式冷水机组

5-1-002.001

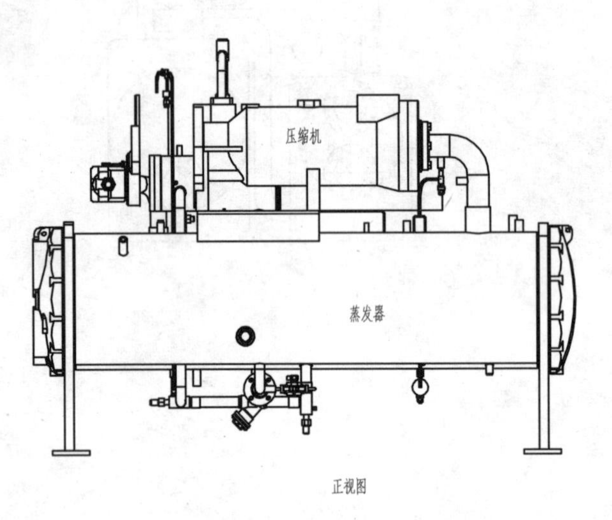

正视图

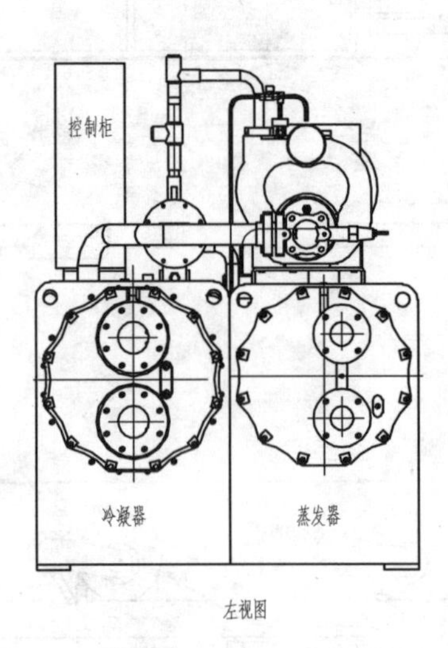

左视图

YORK 螺杆式冷水机组

5-1-002.002

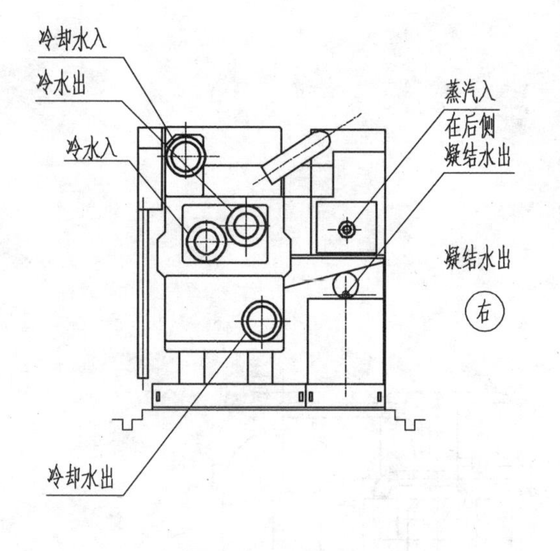

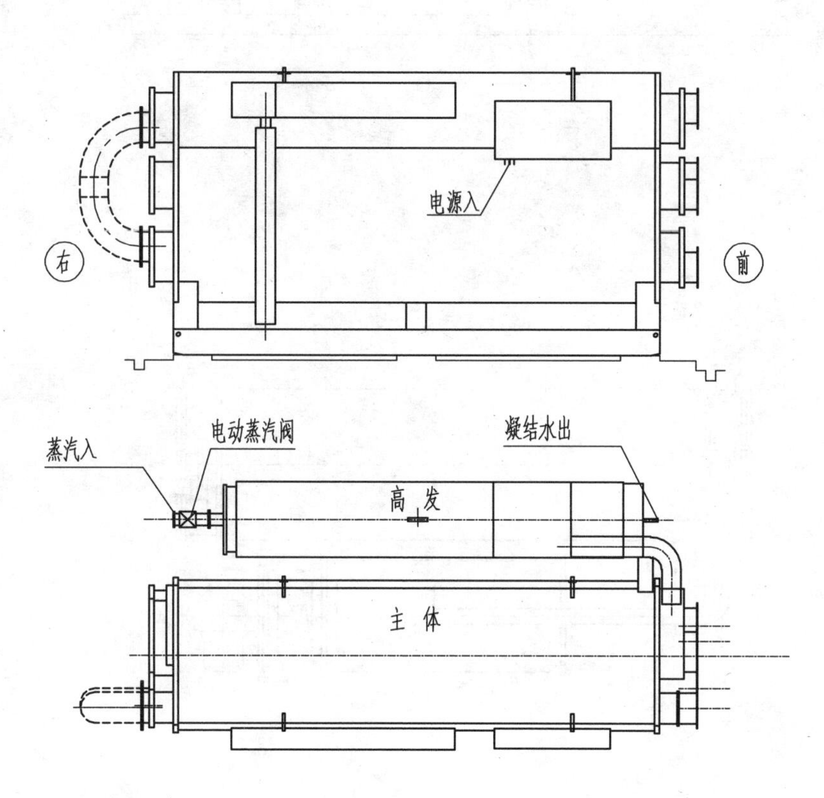

远大蒸汽溴化锂吸收式机组
5-1-003.001

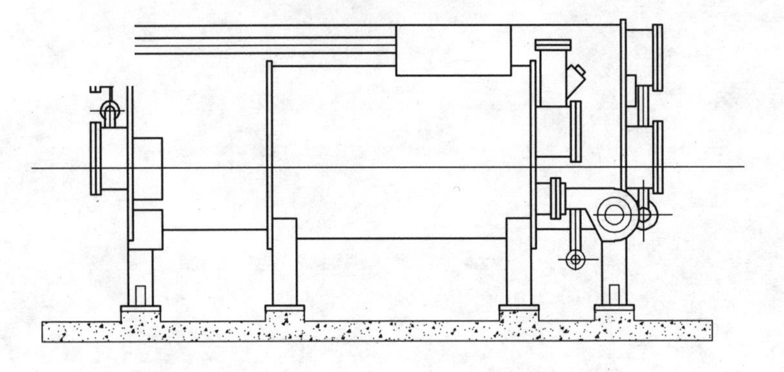

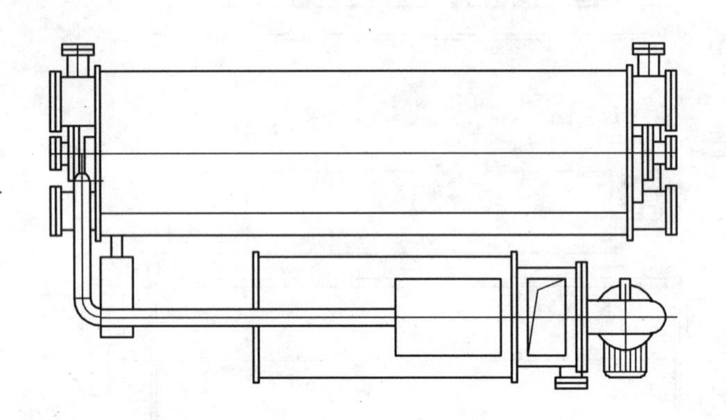

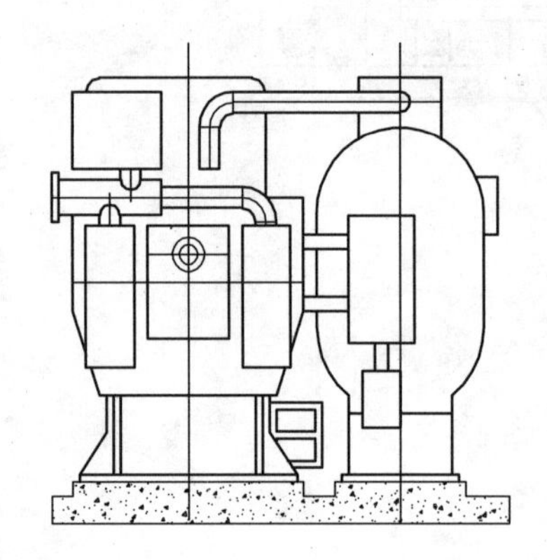

远大直燃溴化锂吸收式机组
5-1-004.001

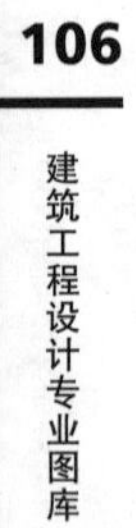

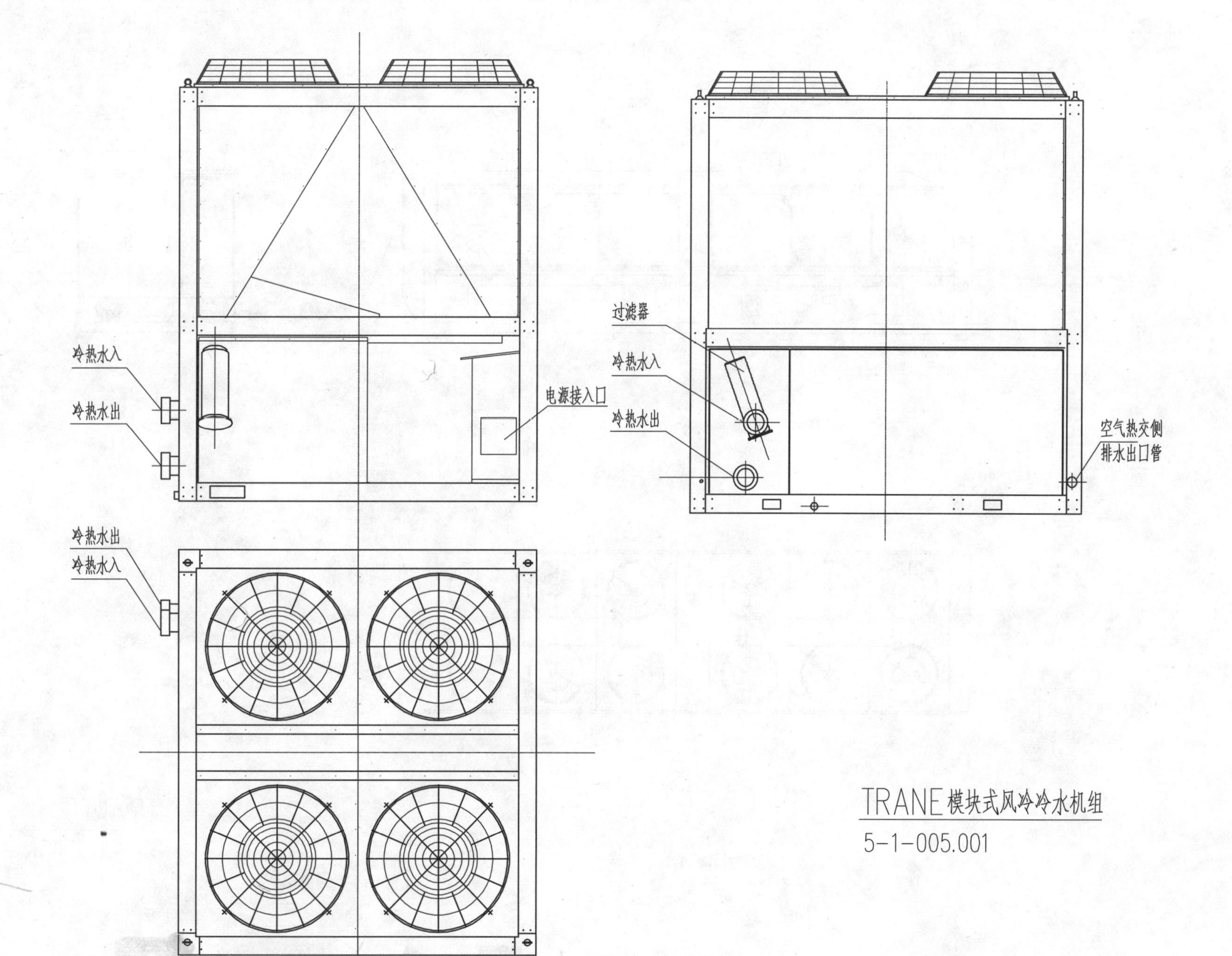

TRANE模块式风冷冷水机组

5-1-005.001

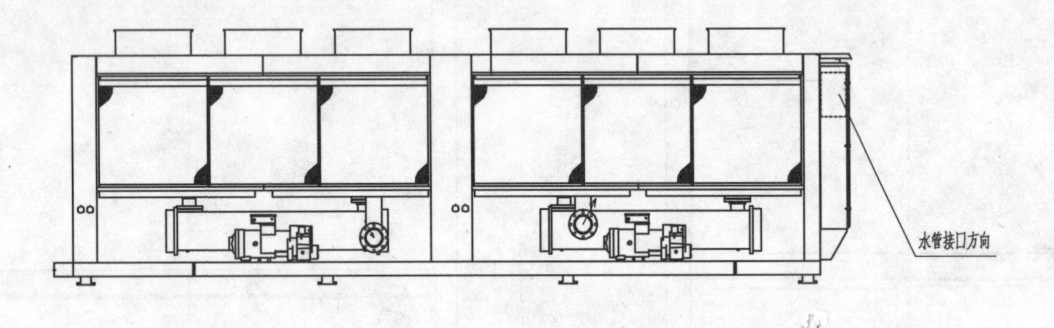

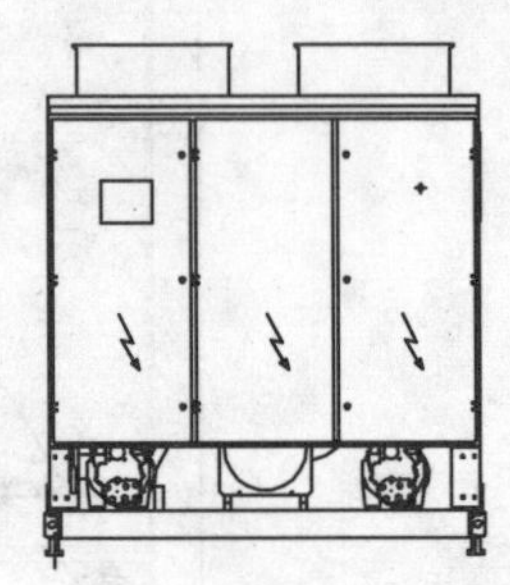

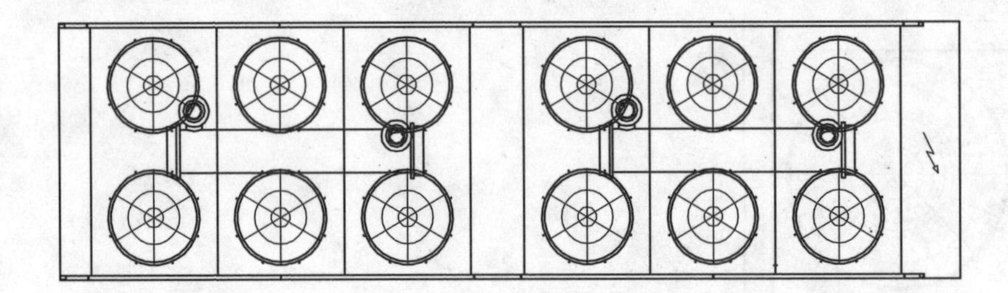

TRANE风冷冷热水机组

5-1-006.001

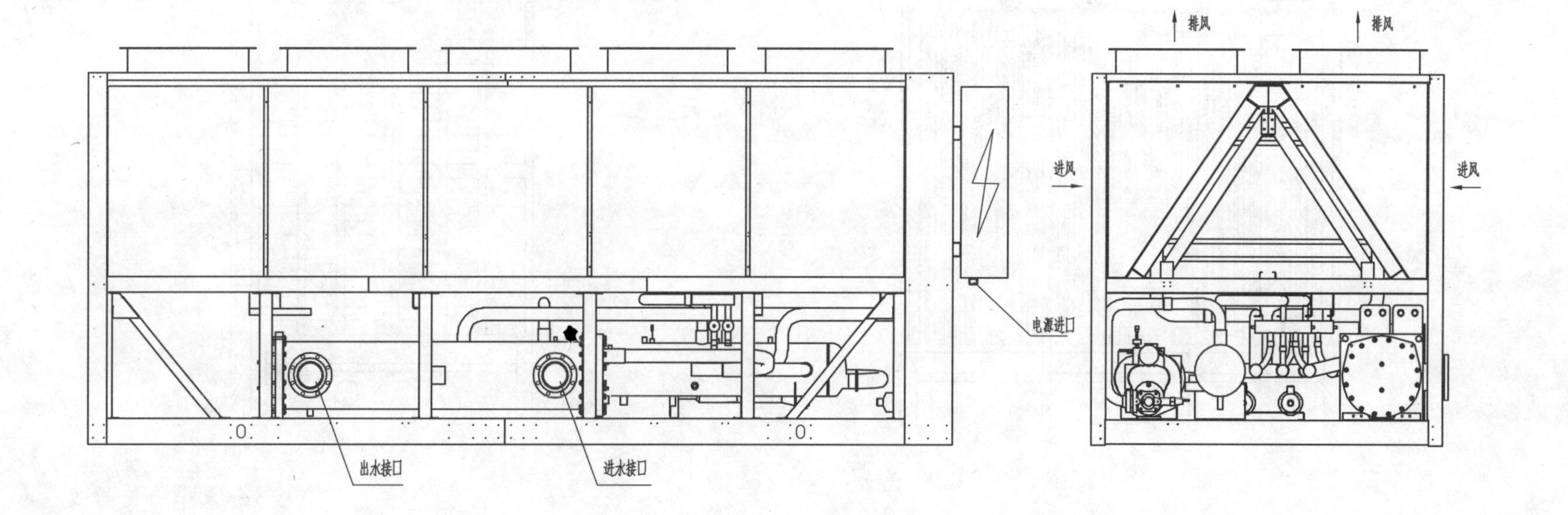

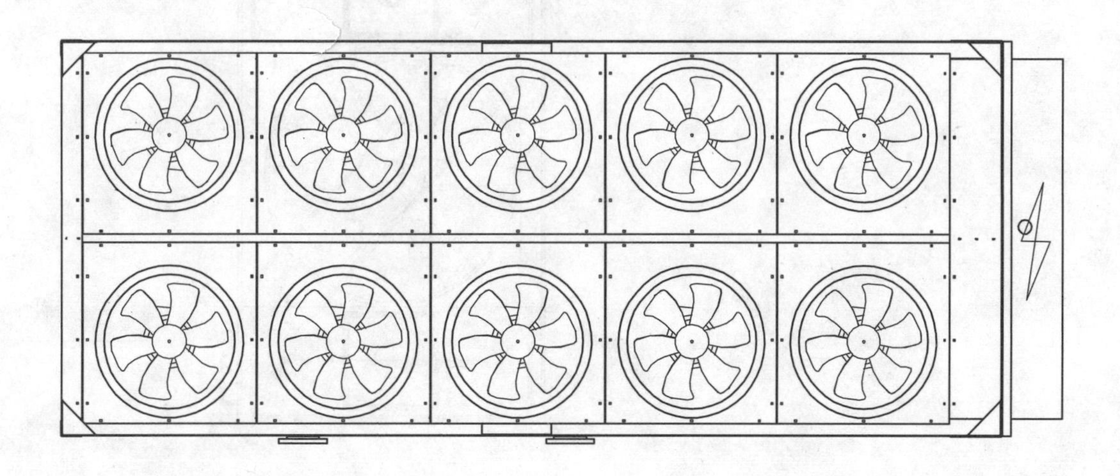

YORK风冷冷热水机组
5-1-006.002

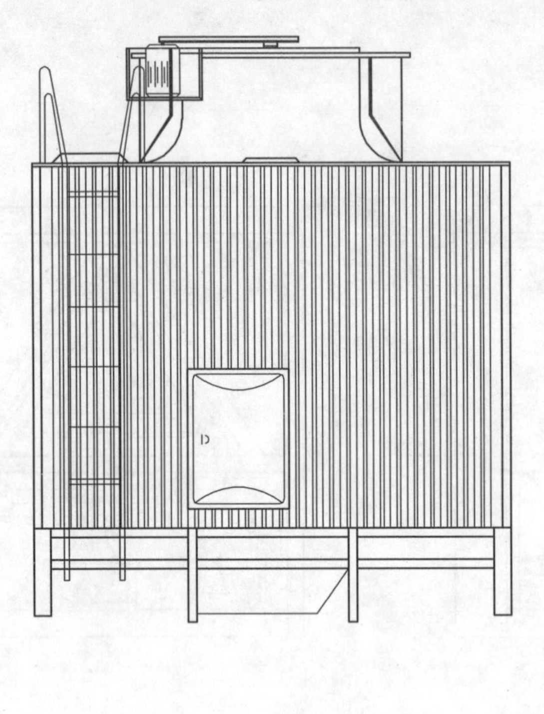

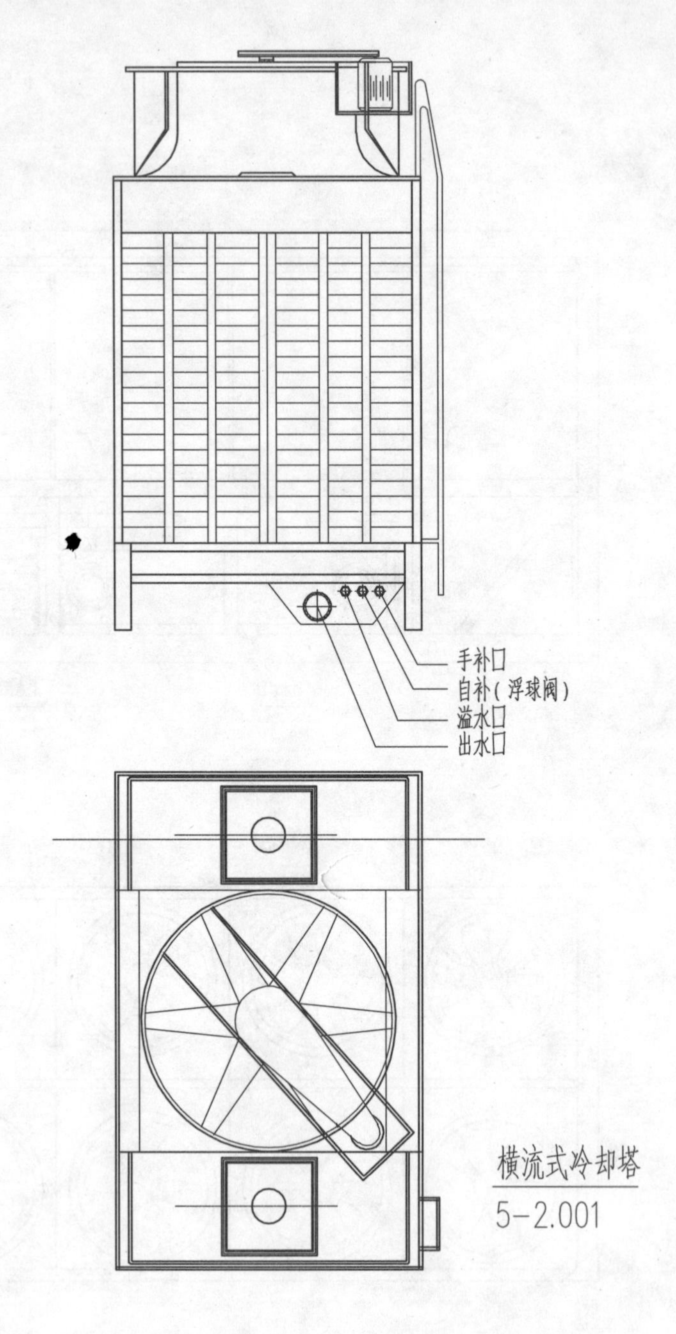

横流式冷却塔
5-2.001

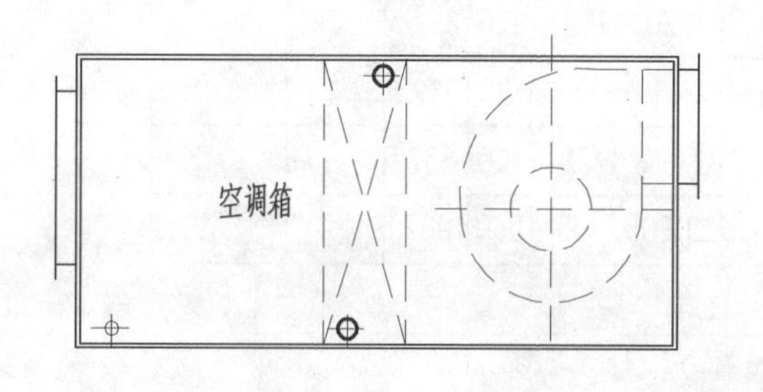

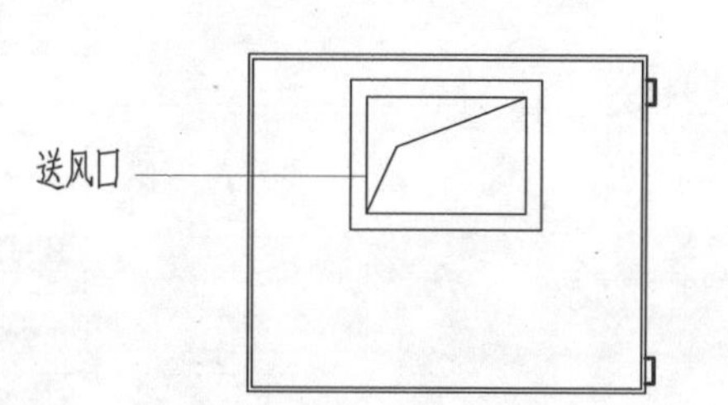

卧式空调箱

5-3.001

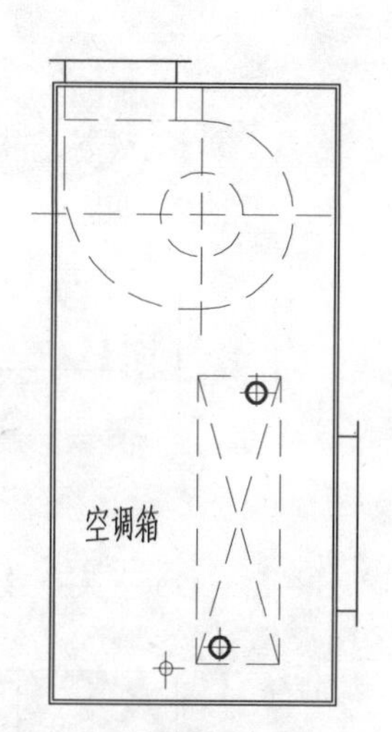

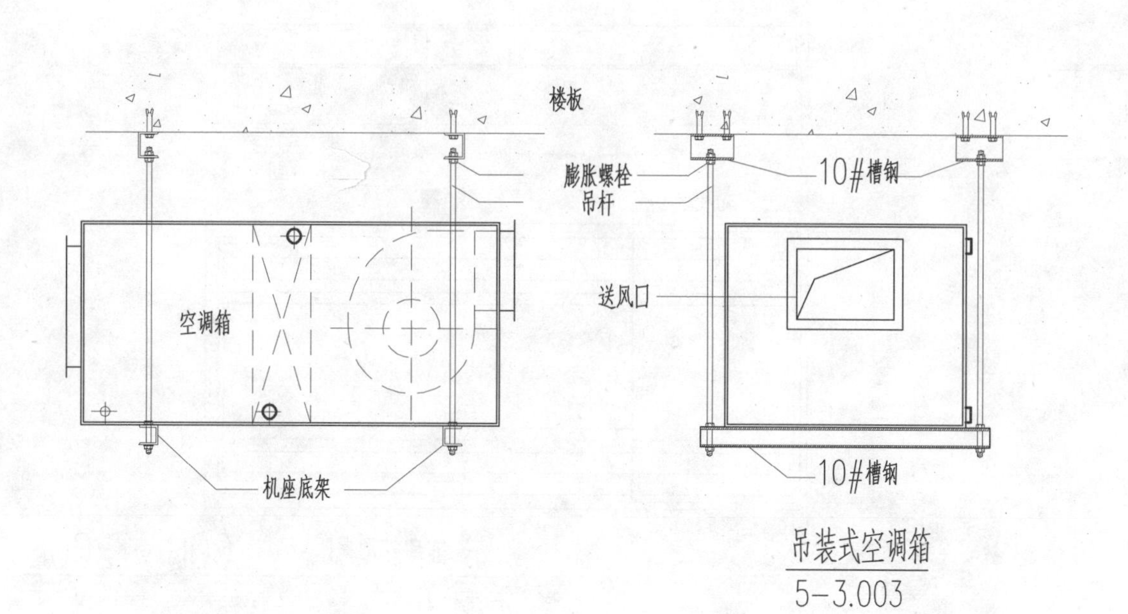

吊装式空调箱

5-3.003

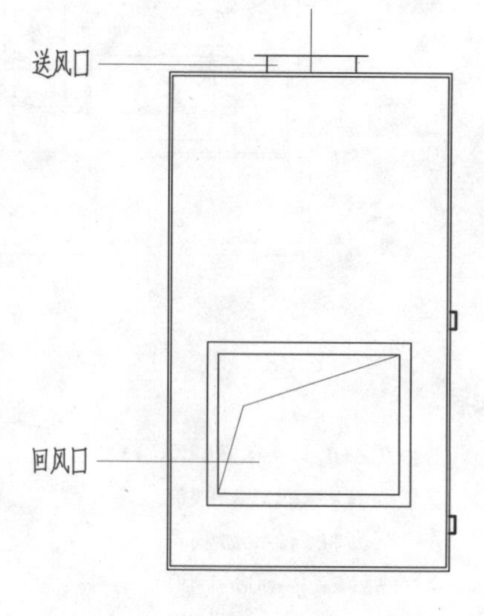

立式空调箱

5-3.002

机组型号	A	B	C	D	风机数量	备注
CP-200B	920	895	620	462.5	1	
CP-300B	1120	1095	820	562.5	2	
CP-400B	1220	1195	920	612.5	2	
CP-600B	1420	1395	1120	712.5	2	
CP-800B	1760	1735	1460	882.5	4	
CP-1200B	2160	2135	1860	1082.5	4	

4-10X30 椭圆孔
4-Ø12 安装孔
50
375

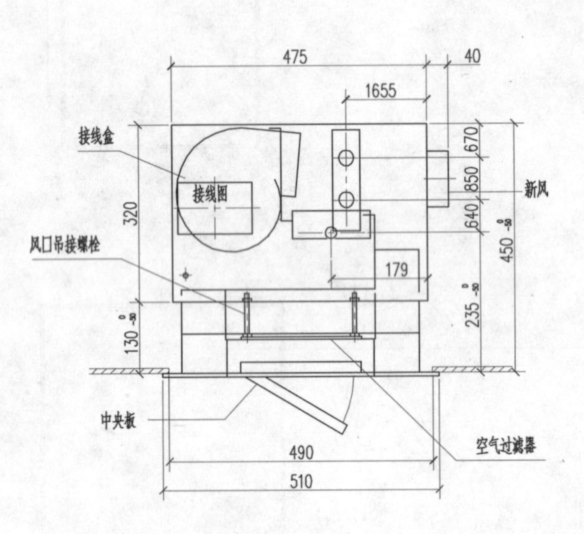

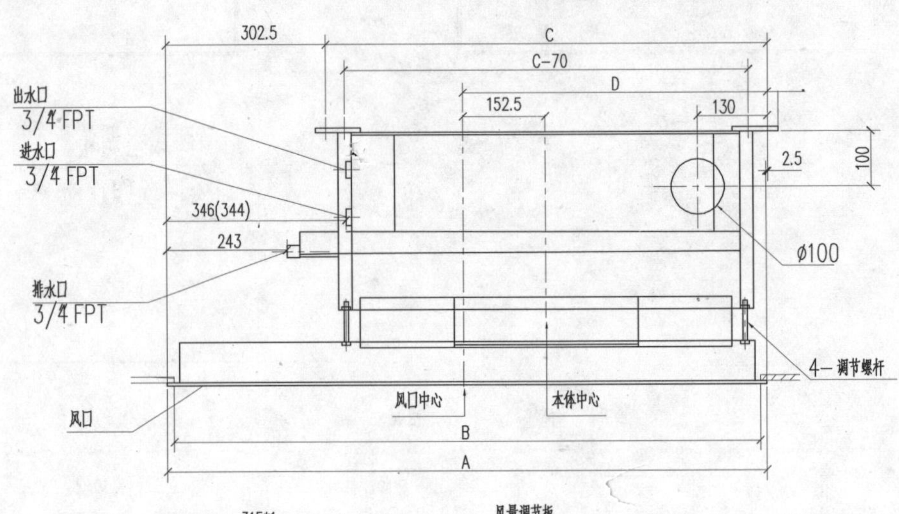

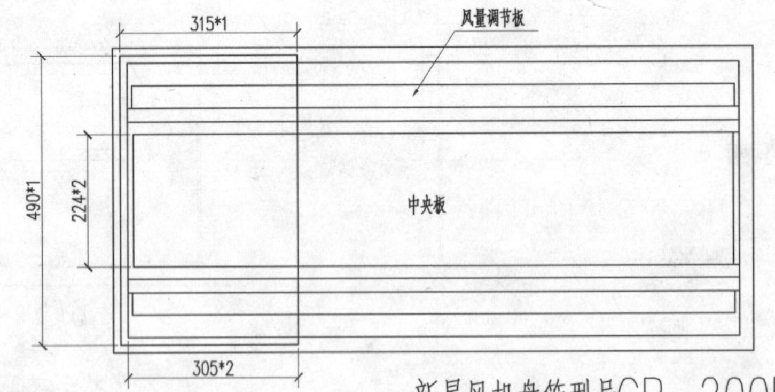

备注:

1. 本图为CP系列，为吊顶卡式二面出风风机盘管机组.
2. *1尺寸表示顶棚饰板取出后的维修空间.
3. *2尺寸表示中央板开启后的维修空间.
4. ( )内数据表示CP-600~1200.
5. 本图表示左配管方式，右配管逆向.

新晃风机盘管型号CP-200B~1200B

5-4.001

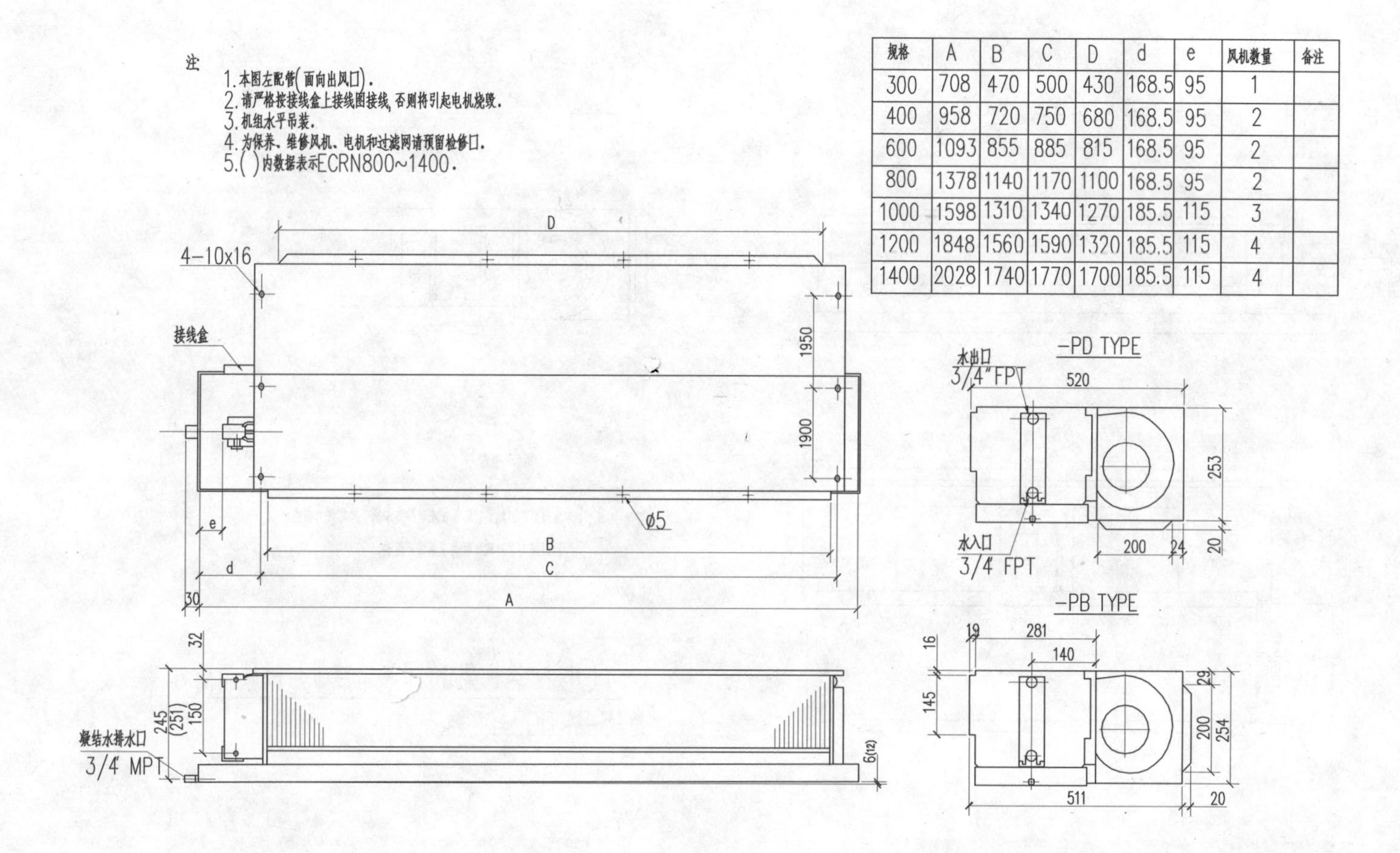

规格	A	B	C	D	d	e	风机数量	备注
300	708	470	500	430	168.5	95	1	
400	958	720	750	680	168.5	95	2	
600	1093	855	885	815	168.5	95	2	
800	1378	1140	1170	1100	168.5	95	2	
1000	1598	1310	1340	1270	185.5	115	3	
1200	1848	1560	1590	1320	185.5	115	4	
1400	2028	1740	1770	1700	185.5	115	4	

新晃风机盘管 ECRN 300-1400

5-4.002

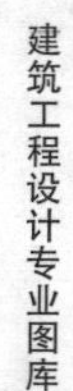

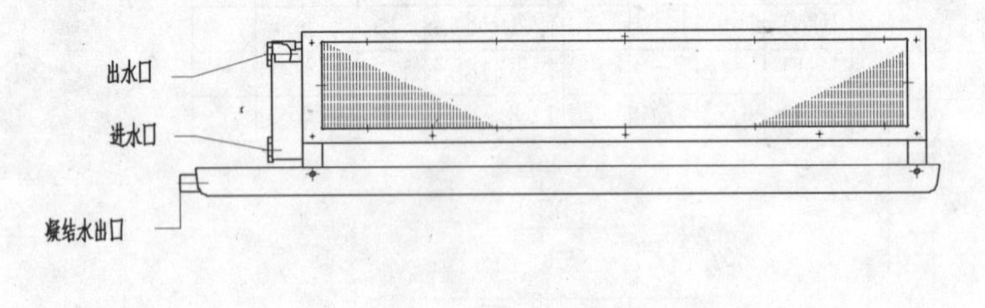

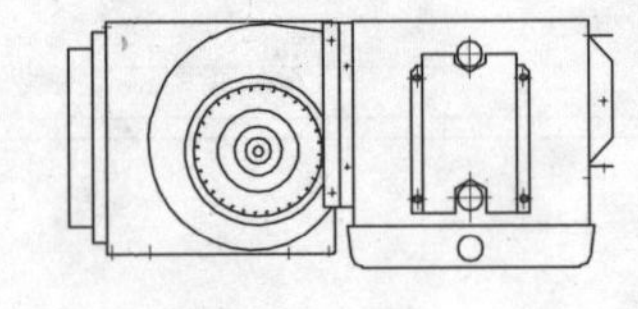

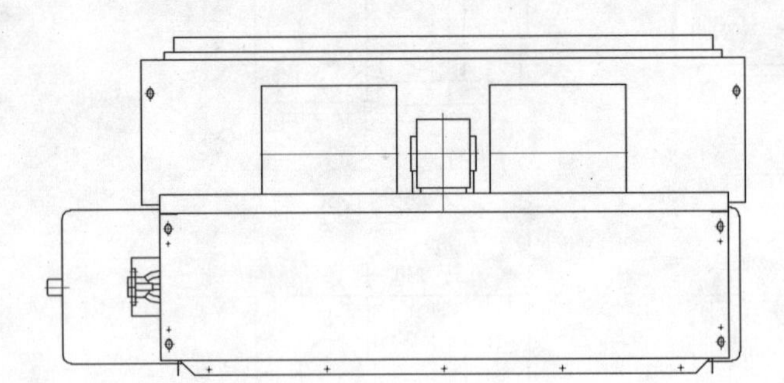

注：1. 面向出风口观察，配管在左边即为左机，反之则为右机。
2. 后回风与下回风可根据现场需要改装。

YORK风机盘管(吊顶暗装带后回风箱)

5-4.003

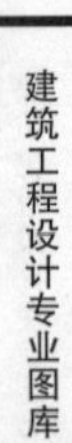

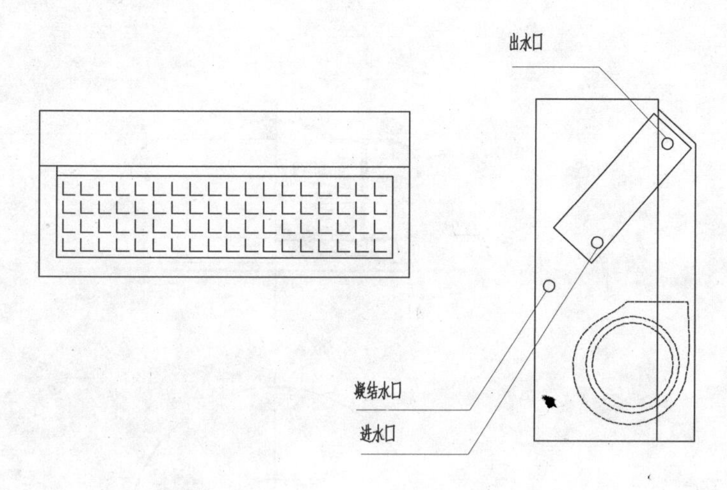

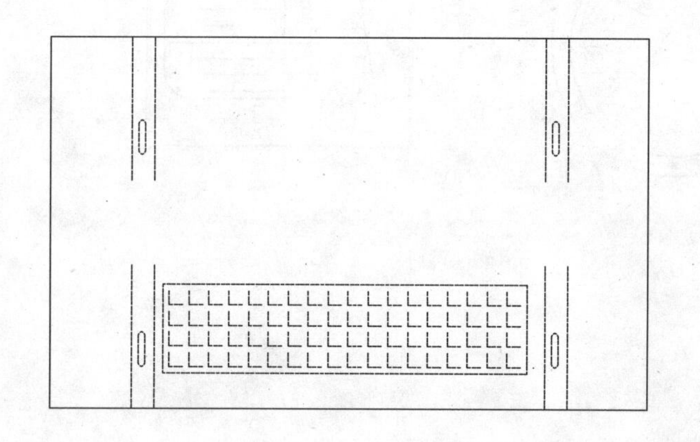

YORK风机盘管(吊顶或立式明装)

5-4.004

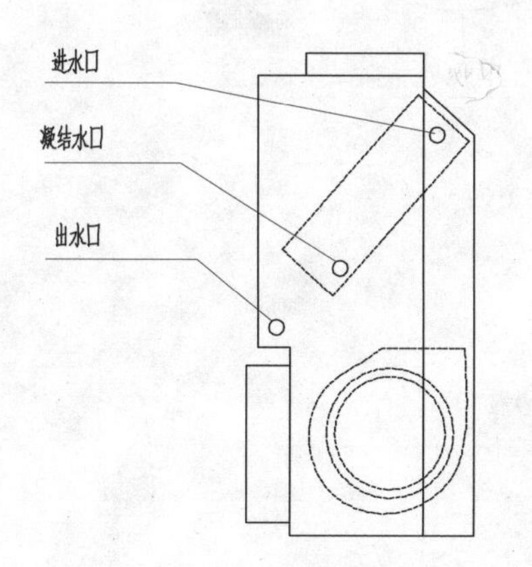

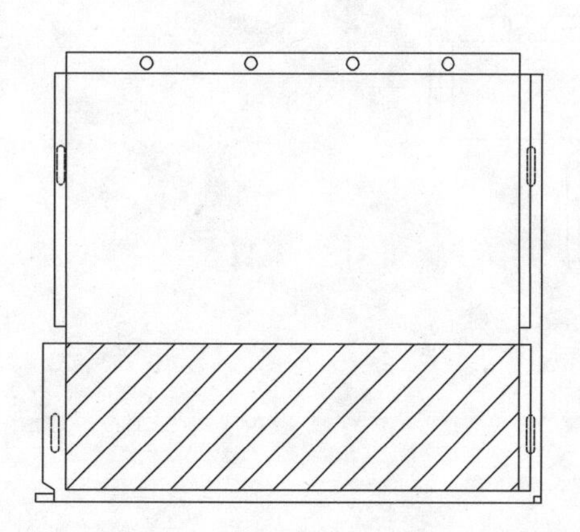

YORK风机盘管(立式暗装)

5-4.005

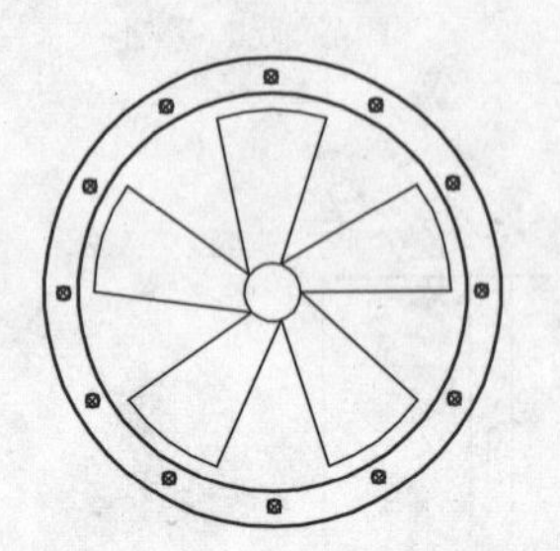

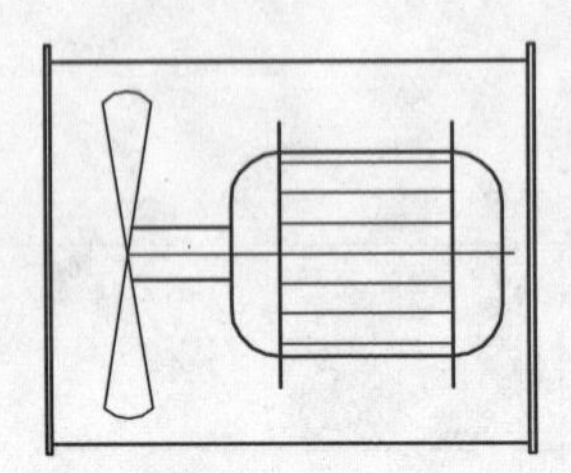

轴流风机
5-5.001

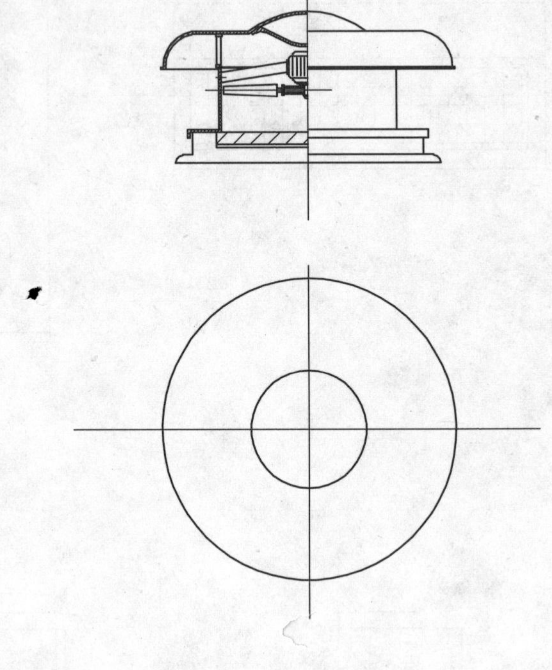

屋面风机
5-5.003

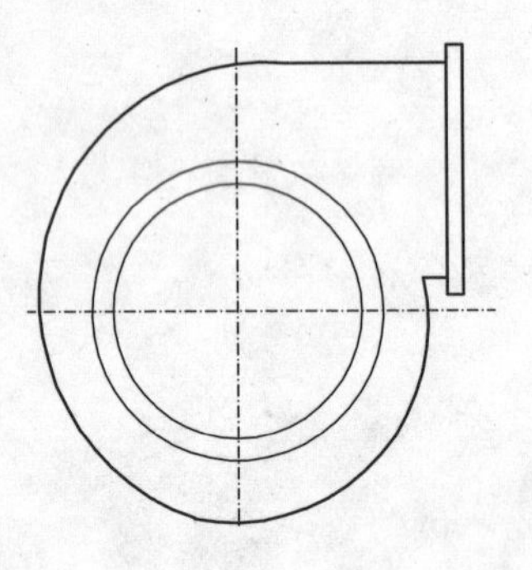

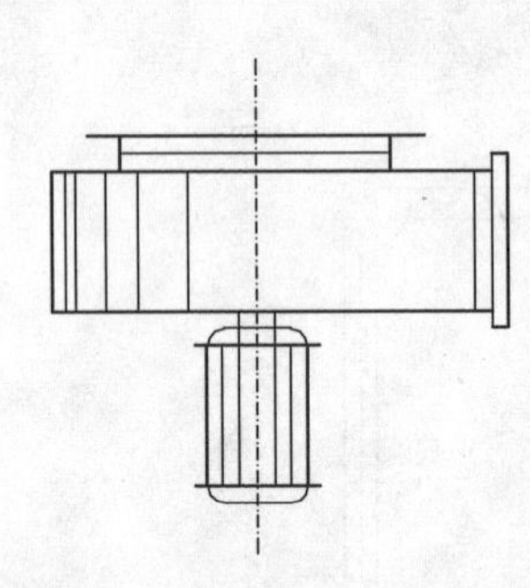

离心风机
5-5.002

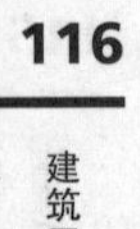

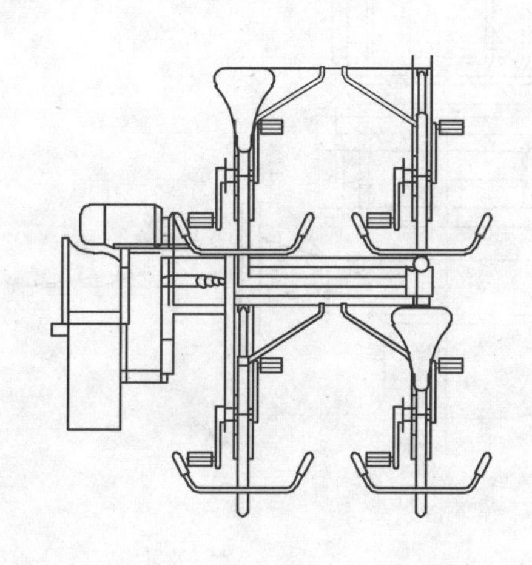

人防脚踏风机
5-5.006

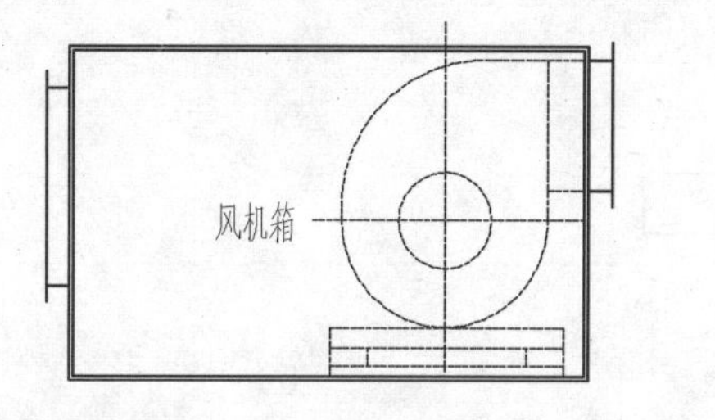

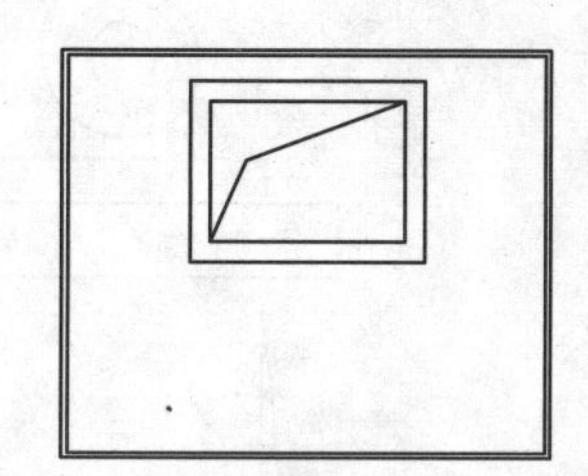

风机箱
5-5.004

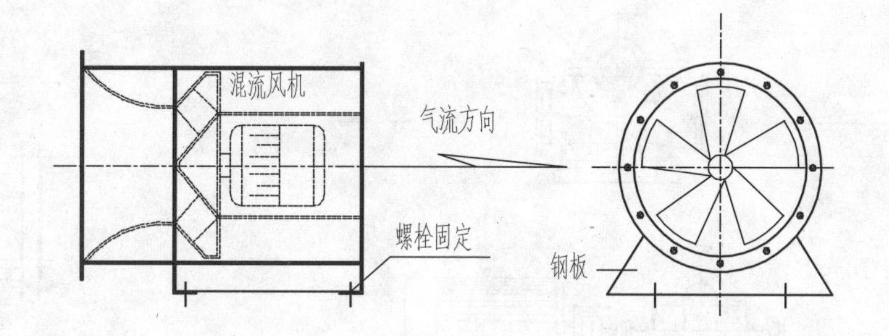

混流风机
5-5.005

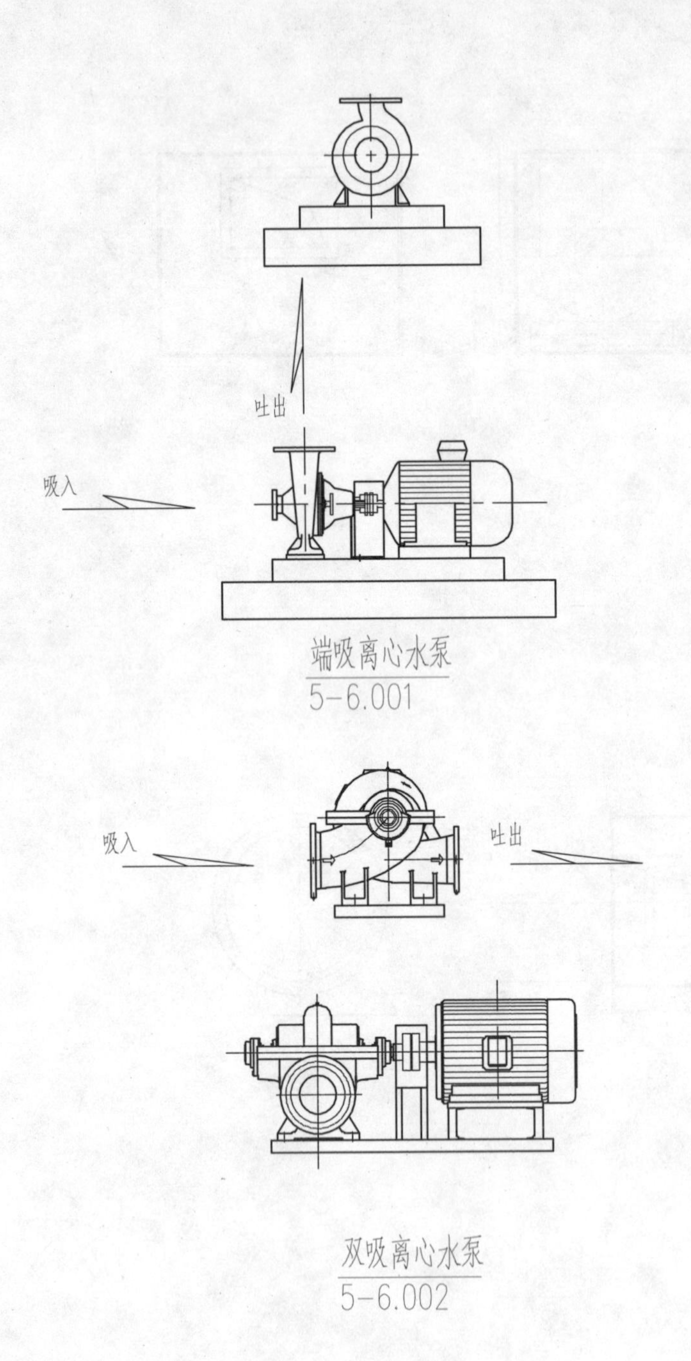

端吸离心水泵
5-6.001

双吸离心水泵
5-6.002

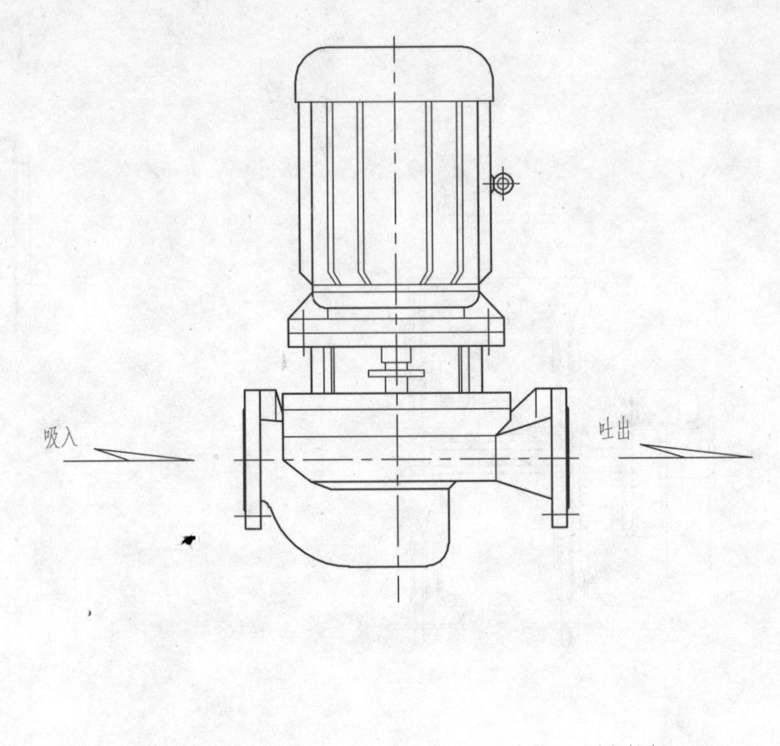

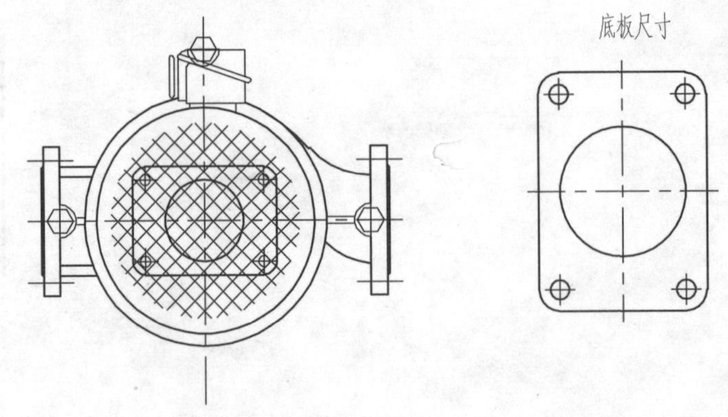

管道泵
5-6.003

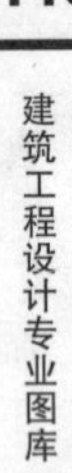

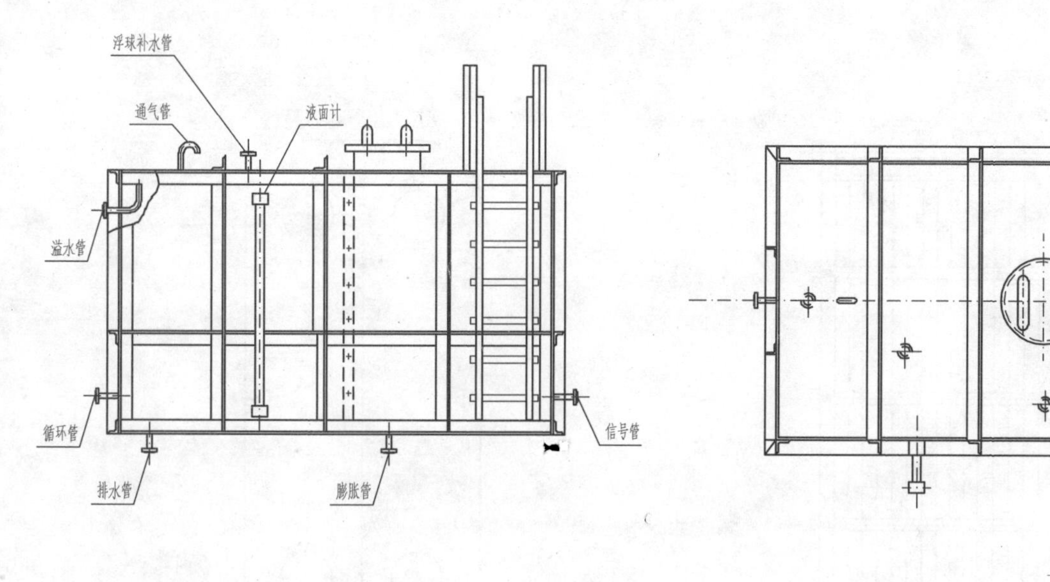

开式膨胀水箱

5-7.001

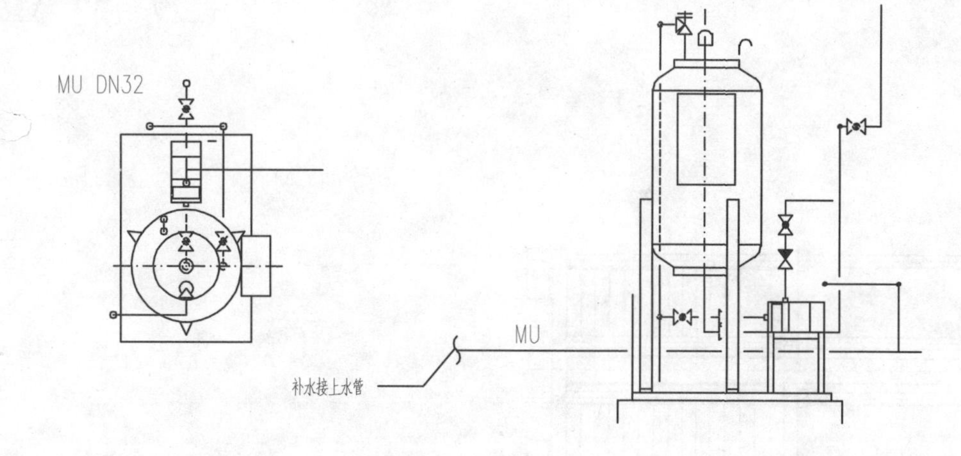

闭式膨胀水箱

5-7.002

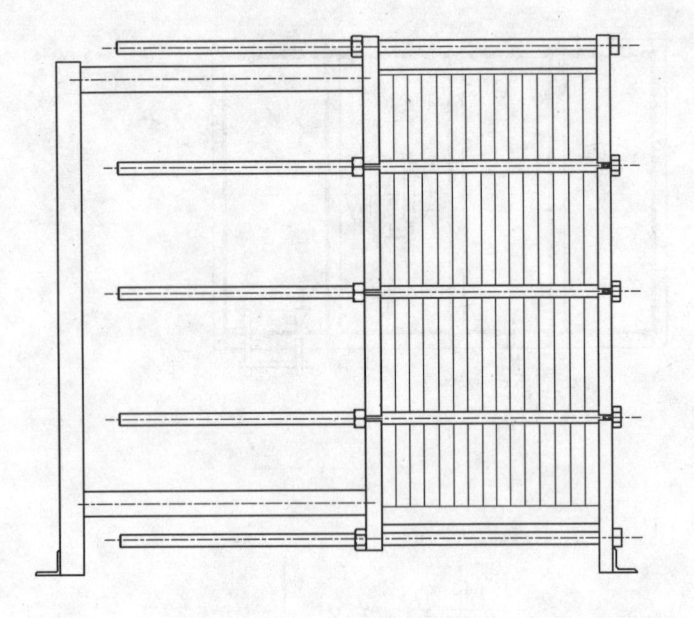

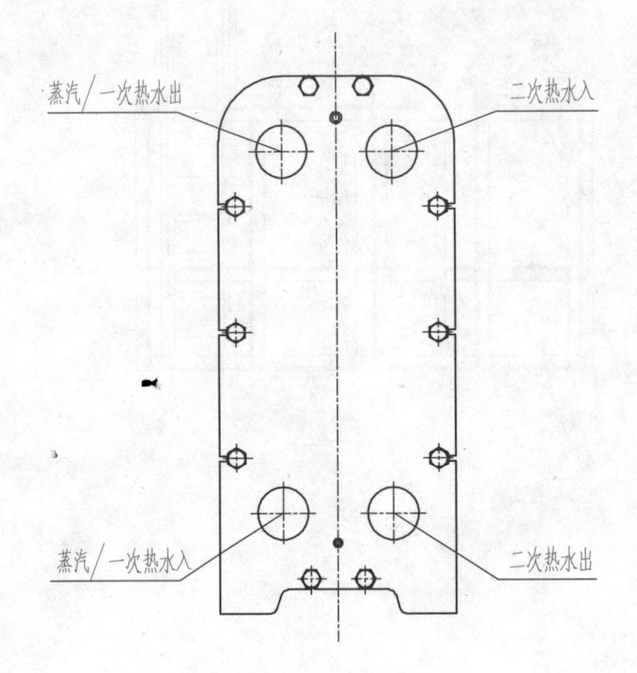

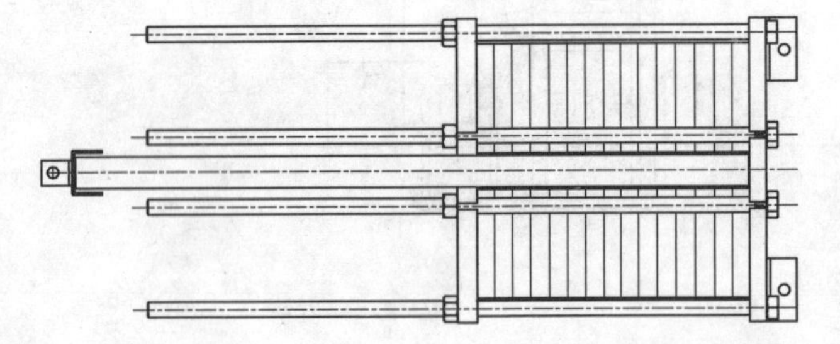

热交换器
5-8.001

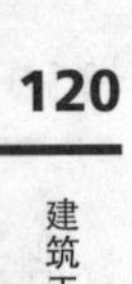

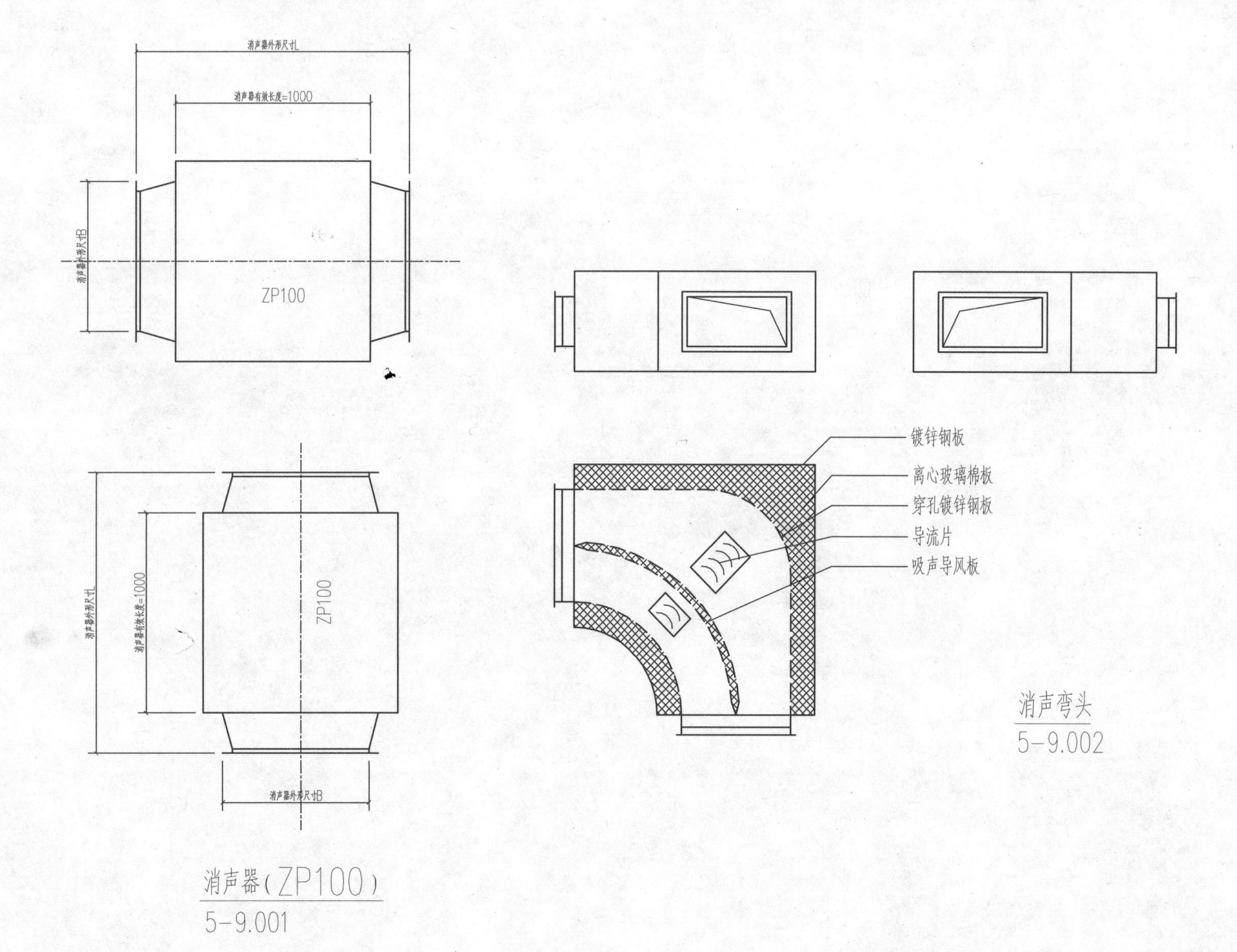

消声器（ZP100）
5-9.001

消声弯头
5-9.002